智慧交通系列教材／王昊主编

视觉图像处理与分析
Visual Image Processing and Analysis

沙月进　赵池航　章其祥　编著

U0380164

东南大学出版社
SOUTHEAST UNIVERSITY PRESS
·南京·

图书在版编目(CIP)数据

视觉图像处理与分析 / 沙月进，赵池航，章其祥编
著. -- 南京 : 东南大学出版社,2024.11
智慧交通系列教材 / 王昊主编
ISBN 978-7-5766-1275-2

Ⅰ.①视…　Ⅱ.①沙…　②赵…　③章…　Ⅲ.①计算机
视觉-图像处理-教材　Ⅳ.①TP391.413

中国国家版本馆 CIP 数据核字(2024)第 037979 号

责任编辑:夏莉莉　　责任校对:子雪莲　　封面设计:小舍得　　责任印制:周荣虎

视觉图像处理与分析　Shijue Tuxiang Chuli yu Fenxi

编　　著	沙月进　赵池航　章其祥	
出版发行	东南大学出版社	
出 版 人	白云飞	
社　　址	南京市四牌楼 2 号　邮编:210096	
网　　址	http://www.seupress.com	
经　　销	全国各地新华书店	
印　　刷	江苏扬中印刷有限公司	
开　　本	787 mm×1092 mm　1/16	
印　　张	16.75	
字　　数	316 千字	
版　　次	2024 年 11 月第 1 版	
印　　次	2024 年 11 月第 1 次印刷	
书　　号	ISBN 978-7-5766-1275-2	
定　　价	65.00 元	

(本社图书若有印装质量问题,请直接与营销部联系。电话:025-83791830)

前　言

数字图像处理(Digital Image Processing)又称为计算机图像处理,它是指将图像信号转换成数字信号并利用计算机对其进行处理的过程。数字图像处理和分析可广泛应用于各个领域,尤其是跨学科领域,如医学影像、计算机视觉、遥感、图像通信和机器学习等。它在提高图像质量、检测图像中的特定对象、识别图像中的模式和结构等方面具有重要作用。智慧交通是一个涵盖多个领域的交叉学科,旨在利用先进的信息技术和通信技术来改进交通系统的效率、安全性和可持续性。数字图像处理在智慧交通专业中具有重要应用,它可以用于处理、分析和理解与交通相关的图像和视频数据,主要包括:交通监控和安全、图像识别和车辆识别、交通流分析、交通与道路环境监测、自动驾驶技术与交通数据分析。数字图像处理在智慧交通领域中帮助实现更安全、高效和可持续的交通系统。它使交通管理者和规划师能够更好地了解交通状况,采取适当的措施来解决交通问题,并推动未来交通技术的发展。

智慧交通专业是 2021 年我国普通高等学校开设的本科专业,作为首批开设智慧交通本科专业的高校之一,东南大学已经未雨绸缪,为新设专业进行了全面的课程安排和教材准备,这本《视觉图像处理与分析》可为智慧交通本科专业信息感知方向的学生提供一项基本技能。

《视觉图像处理与分析》教材旨在为读者提供关于数字图像处理和分析领域的基础知识和技能。本教材旨在帮助读者理解数字图像处理的基本概念、方法和应用,以及如何运用这些知识解决实际问题。通过本教材的学习，读者将能够掌握图像处理的核心原理，并具备处理和分析数字图像的基本能力。本教材包括以下主题：数字图像基础知识、图像增强、图像滤波、图像分割、图像特征提取、图像识别与分类及其在智慧交通中的实际应用。

本教材旨在结合理论和实践，通过示例和实验帮助读者巩固所学知识。我们鼓励读者积极参与实践项目，以便深入地理解数字图像处理的应用。希望本教材能够激发您对图像处理领域的兴趣，为您未来的学术研究和职业发展提供坚实的基础。

鉴于笔者能力所限，知识储备有所欠缺，新编教材存在较多不足之处，望广大读者批评指正。同时，在教材的编写过程中得到了东南大学交通学院广大教师的大力支持，此外，借用了一些网络上提供的笔者觉得很有价值的参考资料，在此表示深深的谢意！

目　录

第二章

数字图像处理的数学基础

第三章

数字图像处理的基本运算

第四章

图像增强

第五章

图像分割

第六章

数学形态学

第七章
图像特征提取

第八章

基于图像的三维信息感知

第九章

高速公路路面抛洒物立体检测方法

第十章

基于车载摄像机的视觉感知

◇第一章
视觉图像处理与分析基础知识

　　"百闻不如一见"是用图像来反映现实世界的最好说明。数字图像所包含的信息是指每个像素点的属性信息,即像素点所在的位置(行和列)以及该像素点的颜色值。数字图像处理与分析的基本运算包含两个方面的内容:其一是对像素点的颜色值按一定的法则进行运算,改变像素点颜色值以达到图像处理的目的;其二就是对像素点的位置进行改正,实现图像的几何变换。数字图像处理运算中输入信息常常为一幅或多幅图像,而处理与分析的结果可以表现为不同的输出信息类型,如图像、文本、数值或符号等。

　　图像是以物镜光心为投影中心的中心投影,早在2 000多年以前,我国人民就发现了小孔成像现象。在欧洲的文艺复兴时期,出现了成像用的暗箱设备。后来,人们又发现了具有感光性能的硝酸银等物质。1826年,法国发明家尼埃普斯将一种沥青融化后涂在金属板上,经暗箱曝光后得到一张从他家屋顶往外拍摄的照片。1837年,法国人达盖尔在尼埃普斯的基础上发明了"银版摄影法"。1839年,法国政府买下该发明的专利权,并于同年8月19日正式公布,因此这一天被定为摄影术的诞生日。当时,用这一方法拍摄一张照片需要20～30分钟的曝光。1851年,英国人阿切尔发明了"湿版摄影术",使人像摄影缩短至只需几秒钟,成为现代摄影术的开端。

　　从胶片摄影到数字摄影是摄影技术发展的一大变革,数字摄影的起源可以追溯到20世纪60年代末,当时贝尔实验室为了研究存储计算机数据,却意外地发明了电荷耦合器件(Charge Coupled Device,CCD)。80年代实现了用CCD来记录静态影像的数码相机。1991年柯达(Kodak)公司试制成功了世界上第一台数码相机。数字摄影技术对人们日常生活、娱乐等产生了难以估量的革命性影响,数字摄影设备的强大功能和方便性也是传统胶卷相机无法比拟的,更不可能实现的。而专业的单反数码相机的镜头可以随时根据拍摄的需要进行调换,在性能上的表现也很出色。另外,一些更

高层次的相机更配备了数码后背,从而使成像的质量达到难以企及的高度。数字图像的应用主要包括:

- 数字图像处理的最早应用之一是在报纸业。早在 20 世纪 20 年代初期,Bartlane 电缆图片传输系统(纽约和伦敦之间海底电缆,经过大西洋)传输一幅数字图像所需的时间由一周多减少到小于 3 个小时。为了用电缆传输图像,首先要进行编码,然后在接收端用特殊的打印设备重构该图片。
- 20 世纪 20 年代中期到末期,改进 Bartlane 系统后,图像质量得到了提高。打印过程中采用了新的光学还原技术,同时增加了图像的灰度等级。
- 20 世纪 60 年代,由于信息技术的高速发展,出现了一批数字图像处理技术。
- 1964 年,"旅行者 7 号"拍摄的图像通过计算机进行处理,并且提高了图像质量;此技术也在阿波罗载人登月飞行等空间探测器中得到应用。
- 20 世纪 70 年代,数字图像处理开始应用于医学领域。
- 1979 年,Godfrey N. Hounsfield 先生以及 Allan M. Cormack 教授由于发明了"断层(CT) 技术"共同获得了诺贝尔医学奖,其背后的思想是计算机轴向断层技术 (Computerised Axial Tomography,CAT)。
- 20 世纪 80 年代,出现 3D 图像获取设备以及分析系统。
- 20 世纪 90 年代至今,数字图像在社会活动各个方面都得到了充分的应用和发展。如通信、遥感卫星、医学影像等。

1.1　数字图像处理与分析的内容

广义图像处理包括:

- 图像信息获取:获取研究对象的图像,并转换成数字信号,以便于计算机或其他数字设备处理。
- 图像信息的存储:图像存储的格式、图像压缩标准以及图像数据库技术等。
- 图像信息的传送:包括内部传送与远距离传送。内部传送多采用直接内存访问(Direct Memory Access,DMA);远距离传送图像压缩技术,减少占用带宽。
- 图像信息处理:即狭义的图像处理、图像的输出与显示,为人或计算机提供便于理解以及识别的图像。

狭义图像处理包括:

- 几何处理:坐标变换,图像的放大与缩小、旋转、移动,图像畸变,校正几何,特征计算等。

- 算术与逻辑运算：图像的加减乘除、与或非等运算，图像增强根据任务目标突出图像中感兴趣的信息，消除干扰，改善图像的视觉效果或增强便于机器识别的信息。
- 图像复原：根据图像退化模型，消除退化因素，恢复原始的图像。
- 图像编码：研究压缩图像数据的方法，需要研究并利用图像的冗余特征，如统计冗余、生理视觉冗余、知识冗余等。
- 图像分割：根据图像的某些特征将图像划分为不同的区域，以便于对图像中的物体或目标进行分析与识别。如"机动车视觉系统"中根据图像中的灰度信息分割白色导引线和路面。
- 图像重建：输入的是非图像信息，如数据、公式等，输出为图像。主要有卷积反投影法等，常用于医学设备。
- 图像模式识别：在图像分割的基础上提取特征，对图像中的内容进行判决分类。
- 图像分析与理解（视觉理解）：根据图像局部内容之间的关系，利用有关知识进行推理与联想，对图像中所表现的内容进行理解。
- 视觉 SLAM(Simultaneous Localization and Mapping，同步定位与建图)：主要是基于相机来完成环境的感知工作，相对而言，相机成本较低，容易放到商品硬件上，且图像信息丰富，因此视觉 SLAM 也备受关注。目前，视觉 SLAM 可分为单目、双目(或多目)、RGBD 这三类，另还有鱼眼、全景等特殊相机，但目前在研究和产品中还属于少数，此外，结合惯性测量器件（Inertial Measurement Unit，IMU)的视觉 SLAM 也是现在研究热点之一。从实现难度上来说，大致将这三类方法排序为：单目视觉、双目视觉、RGBD。

数字图像处理包括三个层次(图 1.1)：

图像处理(Image Processing)，是对图像进行分析、加工和处理，使其满足视觉、心理以及其他要求的技术。图像处理是信号处理在二维信号（图像域）上的一个应用。目前大多数的图像是以数字形式存储，因而图像处理很多情况下指数字图像处理。

图像分析(Image Analysis)和图像处理关系密切，两者有一定程度的交叉，但是又有所不同。图像处理侧重于信号处理方面的研究，比如图像对比度的调节、图像编码、去噪以及各种滤波的研究。但是图像分析更侧重于研究图像的内容，包括但不局限于使用图像处理的各种技术，它更倾向于对图像内容的分析、解释和识别。因而，图像分析和计算机科学领域中的模式识别、计算机视觉关系更密切一些。

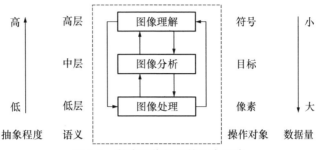

图 1.1　数字图像处理的三个层次

图像理解（Image Understanding）就是对图像的语义理解。它是以图像为对象、知识为核心，研究图像中有什么目标、目标之间的相互关系、图像是什么场景以及如何应用场景的一门学科。图像理解属于数字图像处理的研究内容之一，属于高层操作。其重点是在图像分析的基础上进一步研究图像中各目标的性质及其相互关系，并得出对图像内容含义的理解以及对原来客观场景的解释，进而指导和规划行为。图像理解所操作的对象是从描述中抽象出来的符号，其处理过程和方法与人类的思维推理有许多相似之处。

1.2　数字图像分类

在计算机中，数字图像用矩阵来描述：以一幅数字图像 F 左上角像素中心为坐标原点，一幅 $m \times n$ 的数字图像用矩阵表示为：

$$F = \begin{bmatrix} f(0,0) & f(0,1) & \cdots & f(0,n-1) \\ f(1,0) & f(1,1) & \cdots & f(1,n-1) \\ \vdots & \vdots & \vdots & \vdots \\ f(m-1,0) & f(m-1,1) & \cdots & f(m-1,n-1) \end{bmatrix}$$

按照颜色和灰度的多少可以将图像分为二值图像、灰度图像、索引图像和真彩色 RGB 图像四种基本类型。目前，大多数图像处理软件都支持这四种类型的图像。

1）二值图像

二值图像的二维矩阵仅由 0、1 两个值构成，"0"代表黑色，"1"代白色。由于每一像素（矩阵中每一元素）取值仅有 0、1 两种可能，所以计算机中二值图像的数据类型通常为 1 个二进制位。二值图像通常用于文字、线条图的扫描识别（OCR）和掩膜图像的存储。

2）灰度图像

灰度图像矩阵元素的取值范围通常为[0,255]。因此其数据类型一般为 8 位无符号整型(int8)，这就是人们经常提到的 256 灰度图像。"0"表示纯黑色，"255"表示纯白色，中间的数字从小到大表示由黑到白的过渡色。在某些软件中，灰度图像也可以用双精度数据类型(double)表示，像素的值域为[0,1]，0 代表黑色，1 代表白色，0 到 1 之间的小数表示不同的灰度等级。二值图像可以看成是灰度图像的一个特例。

3）索引图像

索引图像由两个矩阵构成，图像二维矩阵存放的不是颜色值本身，而是存放指向颜色值的索引，另一个矩阵称之为颜色索引矩阵 MAP 的二维数组，根据颜色值的索引指向对应的颜色值。MAP 的大小由存放图像的矩阵元素值域决定，如矩阵元素值域为[0,255]，则 MAP 矩阵的大小为 256×3，用 MAP＝[RGB]表示。MAP 中每一行的三个元素分别指定该行对应颜色的红、绿、蓝单色值，MAP 中每一行对应图像矩阵像素的一个灰度值，如某一像素的灰度值为 64，则该像素就与 MAP 中的第 64 行建立了映射关系，该像素在屏幕上的实际颜色由第 64 行的[RGB]组合决定。也就是说，图像在屏幕上显示时，每一像素的颜色由存放在矩阵中该像素的灰度值作为索引通过检索颜色索引矩阵 MAP 得到。索引图像的数据类型一般为 8 位无符号整型(int8)，相应索引矩阵 MAP 的大小为 256×3，因此一般索引图像只能同时显示 256 种颜色，但通过改变索引矩阵，颜色的类型可以调整。索引图像的数据类型也可采用双精度浮点型(double)。索引图像一般用于存放色彩要求比较简单的图像，如 Windows 中色彩构成比较简单的壁纸多采用索引图像存放，如果图像的色彩比较复杂，就要用到 RGB 图像。

4）RGB 图像

RGB 图像用来表示彩色图像，它分别用红(R)、绿(G)、蓝(B)三原色的组合来表示每个像素的颜色。RGB 图像每一个像素的颜色值(由 RGB 三原色表示)直接存放在图像矩阵中，由于每一像素的颜色需由 R、G、B 三个分量来表示，M、N 分别表示图像的行列数，三个 $M \times N$ 的二维矩阵分别表示各个像素的 R、G、B 三个颜色分量。RGB 图像的数据类型一般为 8 位无符号整型，通常用于表示和存放真彩色图像，当然也可以存放灰度图像。

1.3 数字图像获取技术

数字图像获取的关键部件是传感器,其包括:

1)CCD 图像传感器

电荷耦合元件(Charge Coupled Device,CCD)是固态阵中的主要元件,是一种半导体成像传感器器件,组成它的感光基元是离散硅成像元素,利用电荷注入、转移和读出方式实现场景信息的获取。根据成像原理,CCD 图像传感器分为线阵列 CCD 图像传感器和面阵 CCD 图像传感器。CCD 图像传感器可以根据不同的设计用于不同波长范围的光谱成像。有以下几种类型:

- 可见光 CCD 摄像机。可见光 CCD 摄像机是一种目前应用最广泛的图像采集设备。CCD 摄像机主要是通过镜头将光照聚焦在加有驱动时钟的 CCD 光敏面上,CCD 根据光的强弱完成相应比例电荷的存储、转移,经过滤波、放大等处理后形成图像信号输出。
- X 光 CCD 图像传感器。X 光 CCD 图像传感器在工程中得到广泛应用,以医学领域的数字式 X 光成像装置最为典型。CCD 图像传感器通过特殊设计可以用于 X 光的波长范围。因为传统的 CCD 表面的氧化物和结构材料对 X 光的吸收太强,因此,针对 X 光的 CCD 必须将这些结构设计并做得尽可能薄,以减少对 X 光的吸收。同时,为了能够形成一个收集 X 光的深耗尽层以收集穿过的 X 光光子,X 光 CCD 图像传感器需要具有高电阻率的衬底。
- 红外 CCD 图像传感器。红外 CCD 图像传感器主要用于军事领域,其中典型的代表是红外夜视成像设备。红外 CCD 图像传感器是在面阵 CCD 图像传感器和红外探测器阵列技术的基础上发展起来的。在成像原理上,红外 CCD 图像传感器和可见光图像传感器基本是一样的,只是其接收到的电磁波段不一样,它主要接收的是红外辐射波段。红外 CCD 图像传感器的核心器件是在硅 CCD 器件和红外探测器阵列技术基础上发展起来的红外电荷耦合器,它是新一代的固体焦平面技术,它将 CCD 图像传感器的工作波段从可见光拓展到中远红外光。

2)CMOS 图像传感器

互补金属氧化物半导体(Complementary Metal Oxide Semiconductor,CMOS),也是一种由半导体材料制作而成的图像传感器件。CMOS 图像传感器的光电转换功能与 CCD 相似,但它用传统的芯片工艺方法将光敏元件、放大器、A/D 转换器、存储器、数字信号处理器等都集成在一块硅片上,从而降低了功耗和成本,有着广泛的应用前景。

3）CID 图像传感器

电荷注入器件(Charge-injected Device,CID),具有与 CCD 相似的基本结构,也是一种利用电荷注入、转移和读出方式实现场景信息获取的半导体结构。与 CCD 器件不同的是,CID 图像传感器有一个和图像矩阵对应的电极矩阵,在每个像素对应位置上有两个能形成电位阱的电极,分别对应行列位置的电极连通或隔离。根据控制行列的电极连通,可以实现对某个像素的访问,具有很强的随机访问性。

图像显示与输出是图像处理的最终目的,是图像处理系统与用户交流的重要手段。一般而言,图像显示方式分为暂时性显示和永久性显示两种。

暂时性显示主要依靠显示设备将图像强度信息转化为光亮度变化的模式,在一定的显示器上输出图像。对于常见的图像显示设备,可以从工作原理、输入信号的方式、扫描方式、显示颜色、分辨率、显示屏形状等不同的角度进行分类。根据工作原理划分:基于阴极射线管(Cathode-Ray Tube,CRT)、液晶显示器(Liquid Crystal Display,LCD)、等离子体显示器(Plasma Display Panel,PDP),等等。根据输入信号的方式划分:模拟信号输入显示器、数字信号输入显示器和合成视频信号输入显示器。根据扫描方式划分:隔行扫描显示器和逐行扫描显示器。根据显示颜色划分:单色(或称黑白)和彩色显示器。根据分辨率划分:低分辨率、中分辨率、高分辨率显示器等。根据显示屏形状划分:球面、纯平面、平面直角、柱面等。

永久性显示是指通过硬拷贝将图像转化到相纸或透明胶片上,或通过打印机或绘图仪等设备将图像输出成纸质相片。

1.4　C♯数字图像处理

1.4.1　Bitmap 类

Bitmap 对象封装了 GDI＋中的一个位图,此位图由图形图像及其属性的像素数据组成。Bitmap 是用于处理由像素数据定义的图像的对象,该类的主要方法和属性如下:

(1) GetPixel 方法和 SetPixel 方法:获取和设置一个图像的指定像素的颜色。

（2）PixelFormat 属性：返回图像的像素格式。

（3）Palette 属性：获取和设置图像所使用的颜色调色板。

（4）Height 和 Width 属性：返回图像的高度和宽度。

（5）LockBits 方法和 UnlockBits 方法：分别锁定和解锁系统内存中的位图像素。在基于像素点的图像处理方法中，这两种方法可以指定像素的范围来控制位图的任意部分，从而消除了通过循环对位图的像素逐个进行处理。需要注意的是，每调用 LockBits 之后都应该调用一次 UnlockBits。

1.4.2　BitmapData 类

C♯为图像处理提供了 BitmapData 类，首先将位图锁定到内存中，然后对位图的每一个像素进行处理，具有很高的处理效率。BitmapData 对象指定了位图的属性如下：

（1）Height 属性：被锁定位图的高度。

（2）Width 属性：被锁定位图的宽度。

（3）PixelFormat 属性：数据的实际像素格式。

（4）Scan0 属性：被锁定数组的首字节地址，如果整个图像被锁定，则是图像的第一个字节地址。

（5）Stride 属性：图像步幅，也称为扫描宽度，指图像的一行需要的数组长度。它并不一定等于图像像素数组的长度，还有一部分未用区域，主要原因涉及位图的数据结构，系统要保证每行的字节数必须为 4 的倍数。

1.4.3　Graphics 类

Graphics 类是 GDI＋的画图界面，许多画图对象都是由 Graphics 类表示的，该类定义了绘制和填充图形对象的方法和属性，一个应用程序只要需要进行绘制或着色，它就必须使用 Graphics 对象，在数字图像处理中能够用来对处理过程和处理结果在原图上进行必要的标注。

1.4.4　Image 类

Image 类提供了位图和元文件操作的函数，Image 类被声明为 abstract，也就是说 Image 类不能实例化对象，而只能作为一个基类。

（1）FromFile 方法：它根据输入的文件名产生一个 Image 对象。

（2）FromHBitmap 方法：它从一个 Windows 句柄处创建一个 Bitmap 对象。

（3）FromStream 方法：从一个数据流中创建一个 Image 对象。

1.5 图像数据转换方法

数字图像处理需要对数字图像每个像素点的位置或灰度值进行运算，处理过程中需要对数字图像进行必要的转换。图像数据的转换可以包括数字图像类型转换、图像格式转换、图像与矩阵的转换、图像与 byte[] 的转换等等。

1.5.1 数字图像类型转换

数字图像类型转换指图像在二值图像、灰度图像、索引图像和 RGB 图像之间的转换，实际工作中，常常需要将 RGB 图像转换为灰度图像来进行处理，这项工作称为图像的灰度化。由灰度图像进行图像的分割或特征提取可以转换为二值图像，如果想要将灰度图像转换为 RGB 图像，常常将这项工作称为图像的伪彩色增强。在 C♯ 图像处理 Bitmap 类中，灰度图像表示成索引图像的格式，而二值图像用 0 和 255 两种灰度值的灰度图像来表示。

后面提供了 C♯ 中图像灰度化的函数，根据该函数可以了解 C♯ 中图像数据的获取方法。

```
public Bitmap Rgb2Gray(Bitmap srcBitmap) //彩色灰度化
{
    int wide= srcBitmap.Width;
    int height= srcBitmap.Height;
    Rectanglerect= new Rectangle(0, 0, wide, height);
    // 将 Bitmap 锁定到系统内存中, 获得 BitmapData
    System.Drawing.Imaging.BitmapData srcBmData= srcBitmap.LockBits
(rect,
        System.Drawing.Imaging.ImageLockMode.ReadWrite,
        System.Drawing.Imaging.PixelFormat.Format24bppRgb);
    //创建 Bitmap
    BitmapdstBitmap= new Bitmap(wide, height,
        System.Drawing.Imaging.PixelFormat.Format8bppIndexed);
    //创建灰度图像索引表
    System.Drawing.Imaging.ColorPalette cp= dstBitmap.Palette;
    for (int i= 0; i< 256; i+ + )
        {
        cp.Entries[i]= Color.FromArgb(i, i, i);
        }
```

```
dstBitmap.Palette= cp;
    System.Drawing.Imaging.BitmapData dstBmData= dstBitmap.LockBits
(rect,
        System.Drawing.Imaging.ImageLockMode.ReadWrite,
        System.Drawing.Imaging.PixelFormat.Format8bppIndexed);
    // 位图第一个像素数据的地址
    System.IntPtr srcPtr= srcBmData.Scan0;
    System.IntPtr dstPtr= dstBmData.Scan0;
    // 将 Bitmap 对象的信息存放到 byte[]数组中
    intsrc_bytes= srcBmData.Stride* height;
    byte[] srcValues= new byte[src_bytes];
    intdst_bytes= dstBmData.Stride* height;
    byte[] dstValues= new byte[dst_bytes];
    //复制 GRB 信息到 byte 数组
    System.Runtime.InteropServices.Marshal.Copy(srcPtr, srcValues, 0,
src_bytes);
    for (int i= 0; i < = height- 1; i+ + )
        {
            for (int j= 0; j < = wide- 1;j+ + )
            {
                //注意位图结构中 RGB 按 BGR 的顺序存储
                int k= 3* j;
                byte temp= (byte)(srcValues[i* srcBmData.Stride+ k+ 2]* .299
                + srcValues[i* srcBmData.Stride+ k+ 1]* .587+ srcValues[i*
                srcBmData.Stride+ k]* .114);
            dstValues[i* dstBmData.Stride+ j]= temp;
            }
        }
    //将更改过的 byte[]拷贝到原位图
    System.Runtime.InteropServices.Marshal.Copy(dstValues, 0, dstPtr,
dst_bytes);
    // 解锁位图
    srcBitmap.UnlockBits(srcBmData);
    dstBitmap.UnlockBits(dstBmData);
    returndstBitmap;
}
```

从上面的函数中可以看出，对原始图像的处理包括以下几个步骤：

- 用 srcBitmap.Lock 函数锁定 RGB 图像；

- 获得首地址 Scan0；

- 定义 byte[]数组；

- 将颜色值从锁定的数据拷贝至 byte[]数组；

- 解锁。

对新生成的灰度图像的处理包括以下几个步骤：

- 新建灰度图像 dstBitmap 并用 dstBitmap.Lock 函数锁定；
- 创建索引表；
- 获得首地址 Scan0；
- 定义 byte[]数组；
- 根据 RGB 图像的 byte[]数组计算灰度图像的 byte[]数组；
- 将灰度 byte[]数组反拷贝至灰度图像内存；
- 解锁。

这里要注意两个 byte[]的数据对象 srcValues[] 和 dstValues[]，RGB 图像与灰度图像的转换实际上是 srcValues[] 和 dstValues[]的数据转换运算。而 byte[]也是图像数据在 C♯与其他编程语言、数据库系统等不同开发工具之间的通用类型。

1.5.2 图像格式转换

数字图像包括如.jpg、.png、.tif、.gif、.bmp 等各种不同的数据格式，C♯语言对于图像格式的转换十分方便，在图像保存的同时选择所需要的格式即可。下面是 C♯图像保存函数，从中可以看出图像格式的转换方法。

```
public voidSaveBitmap(Bitmap dstBitmap)
{
    if (dstBitmap= = null)
    {return; }
    SaveFileDialog saveDlg= new SaveFileDialog();
    saveDlg.Title= "保存为";
    saveDlg.OverwritePrompt= true;
    saveDlg.Filter=
        "BMP 文件 (* .bmp) | * .bmp|" +
        "GIF 文件 (* .gif) | * .gif|" +
        "JPEG 文件 (* .jpg) | * .jpg|" +
        "PNG 文件 (* .png) | * .png";
    saveDlg.ShowHelp= true;
    if (saveDlg.ShowDialog()= = DialogResult.OK)
      {
      stringfileName= saveDlg.FileName;
      stringstrFilExtn= fileName.Remove(0, fileName.Length- 3);
      switch (strFilExtn)
        {
          case "bmp":
              dstBitmap.Save(fileName,
System.Drawing.Imaging.ImageFormat.Bmp);
```

```
                    break;
            case "jpg":
                    dstBitmap.Save(fileName,
System.Drawing.Imaging.ImageFormat.Jpeg);
                    break;
            case "gif":
                    dstBitmap.Save(fileName,
System.Drawing.Imaging.ImageFormat.Gif);
                    break;
            case "tif":
                    dstBitmap.Save(fileName,
System.Drawing.Imaging.ImageFormat.Tiff);
                    break;
            case "png":
                    dstBitmap.Save(fileName,
System.Drawing.Imaging.ImageFormat.Png);
                    break;
            default:
                    break;
        }
    }
}
```

1.5.3　图像与矩阵的转换

将灰度图像转换为二维矩阵,把 RGB 图像转换为三个二维矩阵,那么图像处理就转变为对矩阵的操作,这样可以将数学的矩阵知识很方便地应用到图像处理之中。同样,图像处理的结果需要图像化,这样可以将一个矩阵转化为灰度图像、将三个矩阵转换为 RGB 图像。下面列出了这几个函数。

1）RGB 图像转二维矩阵

RGB 图像包括红绿蓝三个通道的颜色分量,可以转换为三个矩阵,实际工作中还用到对应的灰度图像的灰度矩阵,下面的函数在转换的同时将灰度矩阵也进行了转换,总共转换成四个二维矩阵。

```
public void Rgb2Mat(BitmapsrcBitmap) //彩色图像转矩阵
{
  int wide= srcBitmap.Width;
  int height= srcBitmap.Height;
  Rectanglerect= new Rectangle(0, 0, wide, height);
  int[,] r= new int[height, wide];
  int[,] g= new int[height, wide];
```

```
int[,] b= new int[height, wide];
int[,] gray= new int[height, wide];
// 将 Bitmap 锁定到系统内存中，获得 BitmapData
System. Drawing. Imaging. BitmapData srcBmData = srcBitmap. LockBits
(rect,
            System.Drawing.Imaging.ImageLockMode.ReadWrite,
            System.Drawing.Imaging.PixelFormat.Format24bppRgb);
System.IntPtr srcPtr= srcBmData.Scan0;
intsrc_bytes= srcBmData.Stride* height;
byte[] srcValues= new byte[src_bytes];
//复制 GRB 信息到 byte 数组
System. Runtime. InteropServices. Marshal. Copy (srcPtr, srcValues, 0,
src_bytes);
for (int i= 0; i < = height- 1; i+ + )
    {
        for (int j= 0; j < = wide- 1;j+ + )
            {
                int k= 3* j;
                byte temp= (byte) (srcValues[i* srcBmData.Stride+ k+
                2]* .299+ srcValues[i* srcBmData.Stride+ k+ 1]* .587
                + srcValues[i* srcBmData.Stride+ k]* .114);
                b[i, j]= (int)srcValues[i* srcBmData.Stride+ k];
                g[i, j]= (int)srcValues[i* srcBmData.Stride+ k+ 1];
                r[i, j]= (int)srcValues[i* srcBmData.Stride+ k+ 2];
                gray[i, j]= (int)temp;
            }
    }
// 解锁位图
srcBitmap.UnlockBits(srcBmData);
}
```

这里用 int[,] r、int[,] g、int[,] b 和 int[,] gray 分别表示红色分量、绿色分量、蓝色分类和灰度图像对应的二维矩阵。

2）灰度图像转二维矩阵

下面的函数实现了将灰度图像转换为二维矩阵。

```
public int[,] GrayBitmapMat(Bitmap srcBitmap)
    {
        int wide= srcBitmap.Width;
        int height= srcBitmap.Height;
        int[,] result= new int[height, wide];
        Rectanglerect= new Rectangle(0, 0, wide, height);
        // 将 Bitmap 锁定到系统内存中，获得 BitmapData
        System. Drawing. Imaging. BitmapData srcBmData= srcBitmap. LockBits
```

```
(rect,
                System.Drawing.Imaging.ImageLockMode.ReadWrite, System.
                Drawing.Imaging.PixelFormat.Format8bppIndexed);
    System.IntPtr srcPtr= srcBmData.Scan0;
    intsrc_bytes= srcBmData.Stride* height;
    byte[] srcValues= new byte[src_bytes];
        //复制 GRB 信息到 byte 数组
    System.Runtime.InteropServices.Marshal.Copy(srcPtr, srcValues, 0,
src_bytes);
    for (int i= 0; i < = height- 1; i+ + )
      {
        for (int j= 0; j < = wide- 1;j+ + )
            {
                result[i, j]= System.Convert.ToInt16(srcValues[i *
srcBmData.Stride+ j]);
            }
        }
    // 解锁位图
    srcBitmap.UnlockBits(srcBmData);
    return result;
}
```

3）二维矩阵转灰度图像

下面的函数是将一个二维矩阵转换为灰度图像，用来显示图像处理的结果，或对图像特征提取的结果进行显示。

```
public BitmapMatGrayBitmap(int[,] a)
{
    int wide= a.GetLength(1);
    int height= a.GetLength(0);
    Rectanglerect= new Rectangle(0, 0, wide, height);
    //创建 Bitmap
    BitmapdstBitmap= new Bitmap(wide, height,
            System.Drawing.Imaging.PixelFormat.Format8bppIndexed);
    //创建索引表
    System.Drawing.Imaging.ColorPalette cp= dstBitmap.Palette;
    for (int i= 0; i< 256; i+ + )
      {
        cp.Entries[i]= Color.FromArgb(i, i, i);
      }
    dstBitmap.Palette= cp;
    System.Drawing.Imaging.BitmapData dstBmData= dstBitmap.LockBits
(rect,
            System.Drawing.Imaging.ImageLockMode.ReadWrite,
            System.Drawing.Imaging.PixelFormat.Format8bppIndexed);
```

```
    System.IntPtr dstPtr= dstBmData.Scan0;
    int dst_bytes= dstBmData.Stride* height;
    byte[] dstValues= new byte[dst_bytes];
    for (int i= 0; i < = height- 1; i+ + )
        {
          for (int j= 0; j < = wide- 1;j+ + )
              {
                dstValues[i* dstBmData.Stride+ j]= (byte)(a[i, j]);
              }
        }
    //将更改过的 byte[]拷贝到原位图
    System.Runtime.InteropServices.Marshal.Copy(dstValues, 0, dstPtr,
dst_bytes);
    // 解锁位图
    dstBitmap.UnlockBits(dstBmData);
    return dstBitmap;
  }
```

4）二维矩阵转 RGB 图像

同样可以将三个二维矩阵转换为彩色图像。

```
public BitmapMatRgbBitmap(int[,] r, int[,] g, int[,] b)
{
  int height= r.GetLength(0);
  int wide= r.GetLength(1);
  Rectanglerect= new Rectangle(0, 0, wide, height);
  //创建 Bitmap
  BitmapdstBitmap= new Bitmap(wide, height,
            System.Drawing.Imaging.PixelFormat.Format24bppRgb);
   // 目标图像数据
   System.Drawing.Imaging.BitmapData dstBmData= dstBitmap.LockBits
(rect,
          System.Drawing.Imaging.ImageLockMode.ReadWrite,
          System.Drawing.Imaging.PixelFormat.Format24bppRgb);
   System.IntPtr dstPtr= dstBmData.Scan0;
   intdst_bytes= dstBmData.Stride* height;
   byte[] dstValues= new byte[dst_bytes];
   for (int i= 0; i< height- 1; i+ + )
       {
         for (int j= 0; j< wide- 1;j+ + )
             {
             dstValues[i* dstBmData.Stride+ 3* j]= (byte)b[i, j];
             dstValues[i* dstBmData.Stride+ 3* j+ 1]= (byte)g[i, j];
             dstValues[i* dstBmData.Stride+ 3* j+ 2]= (byte)r[i, j];
             }
```

```
        }
    //将更改过的 byte[]拷贝到原位图
    System.Runtime.InteropServices.Marshal.Copy(dstValues, 0, dstPtr,
dst_bytes);
        // 解锁位图
        dstBitmap.UnlockBits(dstBmData);
        return dstBitmap;
    }
```

1.5.4 图像与 byte [ ] 数组转换

前面的例子中都用到了 byte[]数组,它用于存放图像数据与其他数据转换的中间结果,同时它也算是图像数据在不同的开发工具之间的转换中间体。

1) RGB 图像转 byte [ ]

实际工作中,可以将图像转换为 byte[]数组,用来保存到数据库或通过函数接口输入其他开发工具进行调用。

```
public byte[] RgbToByte(Bitmap srcBitmap)
    {
        int wide= srcBitmap.Width;
        int height= srcBitmap.Height;
        Rectanglerect= new Rectangle(0, 0, wide, height);
        System.Drawing.Imaging.BitmapData srcBmData= srcBitmap.LockBits
(rect,
                System.Drawing.Imaging.ImageLockMode.ReadWrite,
                System.Drawing.Imaging.PixelFormat.Format24bppRgb);
        System.IntPtr srcPtr= srcBmData.Scan0;
        intsrc_bytes= srcBmData.Stride* height;
          byte[] srcValues= new byte[src_bytes];
        //复制 GRB 信息到 byte[]数组
         System.Runtime.InteropServices.Marshal.Copy(srcPtr, srcValues,
0, src_bytes);
        srcBitmap.UnlockBits(srcBmData);
        return srcValues;
    }
```

2) byte [ ] 转 RGB 图像

下面的函数可以将从其他应用程序传递来的或从数据库读取的 byte[]数组转换为 C♯中的图像。

```
public BitmapByteToRgb(byte[] srcBmData, int wide, int height)
```

```
    {
        Rectangle rect= new Rectangle(0, 0, wide, height);
        //创建 Bitmap
        BitmapdstBitmap= new Bitmap(wide, height,
                System.Drawing.Imaging.PixelFormat.Format24bppRgb);
        System.Drawing.Imaging.BitmapData dstBmData= dstBitmap.LockBits
(rect,
                System.Drawing.Imaging.ImageLockMode.ReadWrite,
                System.Drawing.Imaging.PixelFormat.Format24bppRgb);
        System.IntPtr dstPtr= dstBmData.Scan0;
        System.Runtime.InteropServices.Marshal.Copy(srcBmData, 0,
dstPtr, srcBmData.Length);
        // 解锁位图
        dstBitmap.UnlockBits(dstBmData);
        return dstBitmap;
    }
```

1.6　计算机视觉简介

计算机视觉也称为机器视觉,通过图像传感器获取数字图像,然后利用计算机模拟人的判别准则去理解和识别图像中的目标,达到处理图像、分析图像和理解图像的目的。该技术是模拟识别人工智能、心理物理学、图像处理、计算机科学及神经生物学等多领域的综合学科。计算机视觉技术用摄像机模拟人眼,用计算机模拟大脑,用计算机程序和算法来模拟人对事物的认识和思考,替代人类完成程序为其设定的工作。

计算机视觉起源于 20 世纪 50 年代的统计模式识别,开始的研究主要用于二维图像的分析与识别。60 年代,Roberts 通过计算机程序从数字图像中提取出诸如立方体、楔形体、棱柱体等多面体的三维结构,并对物体形状及物体的空间关系进行描述。到了 70 年代,已经出现了一些视觉应用系统。70 年代中期,麻省理工学院(MIT)人工智能(AI)实验室正式开设"机器视觉"课程。80 年代开始,计算机视觉技术得到了迅猛发展。Marr 从心理物理学、神经生理学、临床神经病学出发,对人的视觉理论进行了系统的研究,提出了第一个较为完善的视觉系统框架。之后,计算机视觉领域展开了基于感知特征群集进行三维目标识别的研究。目前,关于计算机视觉的研究主要集中于其应用,其应用前景相当的广阔。

计算机视觉的信息处理技术主要依赖于图像处理方法,经过处理后输出图像的质量得到相当程度的改善,既改善了图像的视觉效果,又便于计算机对图像进行分析、处理和识别。图像的识别过程实际上可以看作是一个标记过程,即利用识别算法来辨别图像中已分割好的各个物体,给这些物体赋予特定的标记,它是机器视觉系统必须完成的一个任务。

计算机视觉的应用主要包括对照片和视频资料如航空照片、卫星照片、视频片段等的解释,精确制导,移动机器人视觉导航,医学辅助诊断,工业机器人的手眼系统,地图绘制,物体三维形状分析与识别及智能人机接口等。早期进行数字图像处理的目的之一就是要通过采用数字技术提高照片的质量,辅助进行航空照片和卫星照片的读取判别与分类。由于需要判读的照片数量很多,于是希望有自动的视觉系统进行判读解释,在这样的背景下产生了许多航空照片和卫星照片判读系统与方法。自动判读的进一步应用就是直接确定目标的性质,进行实时的自动分类,并与制导系统相结合。在导弹系统中常常将惯性制导与图像制导结合,利用图像进行精确的末制导。

工业机器人的手眼系统是计算机视觉应用最为成功的领域之一。由于工业现场的诸多因素是可控的,使得问题大为简化,有利于构成实际的系统。与工业机器人不同,对于移动机器人而言,由于它具有行为能力,于是就必须解决行为规划问题,即对环境的了解。随着移动式机器人的发展,越来越多地要求提供视觉能力,包括道路跟踪、回避障碍、特定目标识别等。目前移动机器人视觉系统研究仍处于实验阶段,大多采用遥控和远视方法。

在医学上采用的图像处理技术大致包括压缩、存储、传输和自动/辅助分类判读。与计算机视觉相关的工作包括分类、判读和快速三维结构的重建等方面。在地图绘制时利用航测加上立体视觉中恢复三维形状的方法绘制地图,大大提高了地图绘制的效率。同时,通用物体三维形状分析与识别一直是计算机视觉的重要研究目标,并在景物的特征提取、表示、知识的存储、检索以及匹配识别等方面都取得了一定的进展,构成了一些用于三维景物分析的系统。

习　题

1. 数字图像处理的目的是什么? 请列举至少三个数字图像处理的主要应用场景。
2. 解释什么是数字图像,并说明其与模拟图像的区别。
3. 列举并简要描述三种不同的数字图像分类方法。
4. 如何选择适合特定应用的数字图像获取技术? 请给出两个例子说明。
5. 在 C# 中,如何使用 System. Drawing 命名空间进行基本的图像处理操作? 请提供一个简单的代码示例。

6. 图像数据转换通常涉及哪些步骤？请说明每个步骤的目的和重要性。

7. 解释计算机视觉的基本概念，并讨论其与传统图像处理的区别。

8. 在数字图像处理中，噪声是如何产生的？请描述至少两种降噪技术。

9. 请解释什么是图像分割，并提供一个实际应用的例子。

10. 在 C♯ 中处理图像时，如何实现图像的缩放和旋转？请提供一个简单的代码示例说明这两种操作。

◇第二章
数字图像处理的数学基础

工程技术(Engineering Technology)所应用的数学模型在其工作区范围内,可以简化为线性系统(Linear System),原因在于:一是线性系统理论比较成熟,二是其工作状态接近理想的线性系统。实际工作中线性系统应用于多个系统:电路系统(Electrical System)、光学系统(Optical System)、机械系统(Mechanical System)、液压系统(Hydraulic System)等。

数字图像从其来源看,离不开电路和光路,可以看成是电路系统和光学系统的共同作用的结果。因此,数字图像可以通过线性系统来处理。

2.1 线性系统

所谓系统,就是可以接收一个输入并且产生相应输出的任何实体,如图 2.1 所示。

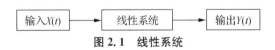

图 2.1 线性系统

线性系统作为一个数学模型,是指由线性运算组成的系统。相较于非线性系统,线性系统的特性比较简单。线性系统需满足线性的特性,若线性系统还满足非时变性(即系统的输入信号若延迟 τ s,那么得到的输出除了这 τ s 延时以外是完全相同的),则称为线性时不变系统。由于线性系统较容易处理,许多时候会将系统理想化或简化为线性系统。线性系统常应用在自动控制理论、信号处理及电路系统上,对数字图像的处理也有很好的效果。

线性系统的特征主要包括线性和位移不变性。用 $y(t) = F\{x(t)\}$ 表达对于信号 $x(t)$ 的线性系统 F,处理后的输出为 $y(t)$。对于两个信号输入 $x_1(t)$ 和 $x_2(t)$,其输

出为 $y_1(t)$ 和 $y_2(t)$，即

$$y_1(t)=F\{x_1(t)\},y_2(t)=F\{x_2(t)\} \tag{2.1}$$

线性系统的线性特征表现为：对于任意常数 a_1、a_2，都有

$$a_1y_1(t)+a_2y_2(t)=F\{a_1x_1(t)+a_2x_2(t)\} \tag{2.2}$$

线性系统的位移不变性特征表现为：对于任意的实数 T，都有

$$y(t-T)=F\{x(t-T)\} \tag{2.3}$$

2.2　调谐信号分析

2.2.1　调谐信号的线性系统

对于调谐信号 $x(t)$，可以用式（2.4）所示的复数表示。利用线性系统 $K(\omega,t)$ 处理调谐信号时，可以描述成式（2.5）

$$x(t)=e^{j\omega t}=\cos\omega t+j\sin\omega t \tag{2.4}$$

$$y(t)=K(\omega,t)\cdot x(t) \tag{2.5}$$

有两个时间延迟为 T 的信号 $x_1(t)$ 和 $x_2(t)$，可以描述为：

$$x_2(t)=x_1(t-T)=e^{j\omega(t-T)}=e^{-j\omega T}x_1(t)$$

对应有两个输出，其中 $y_1(t)=K(\omega,t)\cdot x_1(t)$，$y_2(t)=K(w,t)\cdot x_2(t)$。而 $y_2(t)$ 必须满足线性和位移不变性，因此可见：

从线性角度看，

$$\begin{aligned}y_2(t)&=e^{-j\omega T}\cdot y_1(t)\\&=e^{-j\omega T}\cdot K(\omega,t)\cdot x_1(t)\\&=K(\omega,t)\cdot e^{-j\omega T}\cdot x_1(t)\end{aligned} \tag{2.6}$$

从位移不变性角度看，

$$\begin{aligned}y_2(t)&=y_1(t-T)\\&=K(\omega,t-T)\cdot y_1(t)\\&=K(\omega,t-T)\cdot e^{-j\omega(t-T)}\\&=K(\omega,t-T)\cdot e^{-j\omega T}\cdot e^{j\omega t}\\&=K(\omega,t-T)\cdot e^{-j\omega T}\cdot x_1(t)\end{aligned} \tag{2.7}$$

同时满足线性和位移不变性,存在:

$$K(\omega,t) \cdot e^{-j\omega T} \cdot x_1(t) = K(\omega,t-T) \cdot e^{-j\omega T} \cdot x_1(t) \tag{2.8}$$

即

$$K(\omega,t) = K(\omega,t-T) \tag{2.9}$$

$K(\omega,t)$对于一切 T 均成立,$K(\omega,t)$是一个与 t 无关的复函数。

线性系统可以写成:

$$y(t) = K(\omega) \cdot x(t) \tag{2.10}$$

$K(\omega)$是针对调谐信号情况下的线性系统函数,从公式(2.10)可以看出:线性移不变系统对于调谐信号的相应等于输入信号乘以一个依赖于频率的复数;一个调谐信号的输入总产生同样频率的调谐信号输出。

2.2.2　线性系统的传递函数

线性系统的传递函数为:

$$K(\omega) = A(\omega)e^{j\varphi(\omega)} \tag{2.11}$$

其中,$A(\omega)$和 $\varphi(\omega)$都是实数,$A(\omega)$为幅值,$\varphi(\omega)$为幅角。

假如一个余弦函数,是某个调谐信号的实部,即

$$x(t) = \cos\omega t = \mathrm{Re}\{e^{j\omega t}\} \tag{2.12}$$

通过线性系统对该信号的相应为:

$$\begin{aligned} K(\omega)e^{j\omega t} &= A(\omega)e^{j\varphi}e^{j\omega t} \\ &= A(\omega)e^{j(\omega t+\varphi)} \end{aligned} \tag{2.13}$$

输出为:

$$\begin{aligned} y(t) &= \mathrm{Re}\{A(\omega)e^{j(\omega t+\varphi)}\} \\ &= \mathrm{Re}\{A(\omega)[\cos(\omega t+\varphi)+j\sin(\omega t+\varphi)]\} \\ &= A(\omega)\cos(\omega t+\varphi) \end{aligned} \tag{2.14}$$

其中:$A(\omega)$为乘积增益因子,代表系统对输入信号的放大或衰减倍数;$\varphi(\omega)$是相移角,其作用是将调谐输入信号的相位加以平移。

由此可以得到线性移不变系统具有如下三个性质:

(1) 调谐输入总产生同频率的调谐输出,即同频率。

（2）系统的传递函数是一个仅依赖于频率的幅值函数，包含了系统的全部信息。

（3）传递函数对一个调谐信号输入只产生两种影响：幅度的变化和相位的位移。

2.3　卷积与滤波

卷积是分析数学中一种积分变换运算，是两个变量在某范围内相乘后求和的结果。对于连续函数，卷积体现为两个函数在移动范围内的积分运算。数字图像作为离散函数，卷积其实就是加权求和，卷积模板就是权值。对数字图像的卷积，实际上就是选择特定功能的变量（也称滤波器）对数字图像进行一定范围的加权求和。

2.3.1　连续卷积

连续函数 g 和 x，卷积运算的公式是式(2.15)。

$$y = g * x = \int_{-\infty}^{+\infty} g(t-\tau)x(\tau)\mathrm{d}\tau \tag{2.15}$$

卷积运算具有如下常用的性质：

（1）交换性

$$f * g = g * f$$

（2）分配律

$$f * (g+h) = f * g + f * h$$

（3）结合律

$$(f * g) * h = f * (g * h)$$

（4）求导法则

$$(f * g)' = f' * g = f * g'$$

2.3.2　离散卷积

对于离散函数，卷积运算化为求积计算，可以理解为一个离散函数为原函数，另一个离散函数为权函数，那么离散卷积就是对离散函数的求移动的加权和。其公式为：

$$y(i) = x(i) * h(i) = \sum_j u(j)h(i-j) \tag{2.16}$$

设 $x[4]=\{2\ 3\ 1\ 2\}$，包含 $m=4$ 个数据值，$h[3]=\{1\ 2\ 3\}$，包含 $n=3$ 个数据值，其卷积运算的步骤如下：

（1）将 $h[3]$ 进行反转，成为 $\{3\ 2\ 1\}$；

（2）将反转后的变量 $\{3\ 2\ 1\}$ 中的最后一个数 1 与 $x[4]=\{2\ 3\ 1\ 2\}$ 的第一个数对齐，具体见图 2.2(a)，根据 h 数据查找与 x 中的每一个对应项，进行对应项相乘后求和，计算得到 $2(3\times0+2\times0+1\times2=2)$；

（3）将 $\{3\ 2\ 1\}$ 在 $x[4]$ 上往后移动一个数据，见图 2.2(b)，计算结果为 $7(3\times0+2\times2+1\times3=7)$；

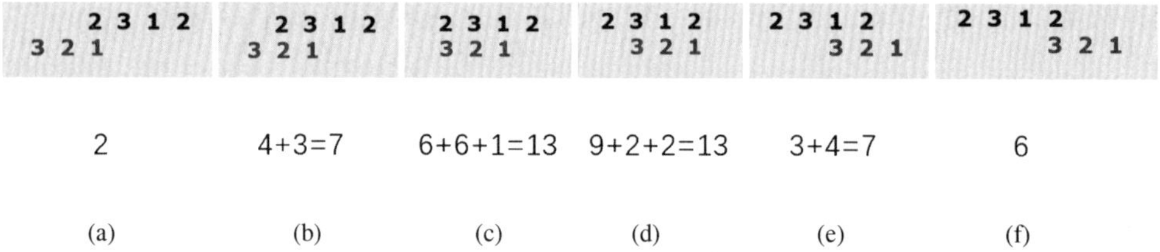

| 2 3 1 2 | 2 3 1 2 | 2 3 1 2 | 2 3 1 2 | 2 3 1 2 | 2 3 1 2 |
| 3 2 1 | 3 2 1 | 3 2 1 | 3 2 1 | 3 2 1 | 3 2 1 |

| 2 | 4+3=7 | 6+6+1=13 | 9+2+2=13 | 3+4=7 | 6 |

| (a) | (b) | (c) | (d) | (e) | (f) |

图 2.2　离散卷积计算示例

（4）用同样的方法将 $\{3\ 2\ 1\}$ 每次移动一个数据，同时对应数据相乘并求和，得到每个位置的计算结果，分别为 13、13、7、6。最后的卷积结果为 $y[6]=\{2\ 7\ 13\ 13\ 7\ 6\}$。

计算过程有 3 个注意事项：

① 是卷积结果 y 的数据个数为 $m+n-1$；

② 是对应项相乘时，没有对应项的数据用 0 计算，同时也造成了部分卷积结果部分数据的有效性。除去无效的卷积结果，有效的数据个数应为 $m-n+1$。

③ 是如果要求卷积结果的数据个数与 x 一致时，则要求 h 的数据个数为奇数（图 2.2 中 $n=3$），将 h 中间的那个数据 2 从 x 的第一个数据图 2.2(b)滑动到最后一位图 2.2(e)。

2.3.3　图像滤波

图像处理中滤波和卷积原理上相似，但是在实现的细节上存在一些区别。滤波操作就是图像对应像素与掩膜（mask）的对应元素相乘相加。而卷积操作是图像对应像素与旋转 $180°$ 的卷积核对应元素相乘相加。

数字图像可以理解为是由不同频率的波长组成，存在着高频部分和低频部分，高频部分其实就是代表着这幅图像的边缘信息，也就是锐度。低频部分刚好相反，代表的是这幅图像的灰度变化信息，也就是内容。那么我们把高频部分的波称作为高频波，低频部分的则称为低频波，这就是波。图像滤波一般满足以下条件：

（1）滤波器的大小应该是奇数，这样它才有一个中心，例如 3×3,5×5 或者 7×7。有中心了，也有了半径的称呼，例如 5×5 大小的核的半径就是 2。

（2）滤波器矩阵所有的元素之和应该等于 1，这是为了保证滤波前后图像的亮度保持不变。

（3）如果滤波器矩阵所有元素之和大于 1，那么滤波后的图像就会比原图像更亮，反之，如果小于 1，那么得到的图像就会变暗。如果和为 0，图像不会变黑，但也会非常暗。

（4）对于滤波后的结构，可能会出现负数或者大于 255 的数值。对这种情况，我们将它们直接截断到 0 和 255 之间即可。对于负数，也可以取绝对值。

2.3.4　滤波器分类

根据数字图像处理的功能不同，选择不同的滤波器对图像进行卷积运算，常用的滤波器分为：

1）高通滤波器

就是让图像高频波通过，滤掉低频波部分，保留边缘信息。我们常见的高通滤波器有 Sobel,Laplacian 等。

2）低通滤波器

低通滤波器就是将高频部分滤掉，保留低频部分，其实就是模糊、降噪。滤波器通常用在预处理图像上，就比如用拉普拉斯算子做二阶边缘提取前，先用高斯模糊去除高斯噪声，因为拉普拉斯算子对噪声非常敏感。如果不去除高斯噪声，提取边缘的效果就不好。

2.4　图像的统计运算

1）图像的信息量

一幅图像如果共有 k 种灰度值，并且各灰度值出现的概率分别为 $p_1, p_2, p_3, \cdots,$ p_k，图像的信息量可采用如下公式计算：

$$H = -\sum_{i=1}^{k} p_i \log_2 p_i \tag{2.17}$$

2）图像灰度平均值

灰度平均值是指一幅图像中所有像元灰度值的算术平均值，根据算术平均的意义，计算公式如下：

$$\overline{f} = \frac{\sum_{i=0}^{M-1} \sum_{j=0}^{N-1} f(i,j)}{MN} \qquad (2.18)$$

3）图像灰度众数

顾名思义，图像灰度众数是指图像中出现次数最多的灰度值。其物理意义是指一幅图像中面积占优的物体的灰度值信息。

4）图像灰度中值

图像灰度中值是指数字图像全部灰度级中处于中间的值，当灰度级数为偶数时，则取中间的两个灰度值的平均值。例如，若某一图像全部灰度级如下：

188,176,171,166,160

则其灰度中值为 171。

5）图像灰度方差

灰度方差反映各像元灰度值与图像平均灰度值的离散程度，计算公式如下：

$$S = \frac{\sum_{i=0}^{M-1} \sum_{j=0}^{N-1} \left[f(i,j) - \overline{f} \right]^2}{MN} \qquad (2.19)$$

6）图像灰度值域

图像灰度值域是指图像最大灰度值和最小灰度值之差，计算公式如下：

$$f_{\text{range}}(i,j) = f_{\max}(i,j) - f_{\min}(i,j) \qquad (2.20)$$

7）协方差

设 $f(i,j)$ 和 $g(i,j)$ 表示大小为 $M \times N$ 的两幅图像，则两者之间的协方差计算公式为：

$$S_{gf}^2 = S_{fg}^2 = \frac{1}{MN} \sum_{i=0}^{M-1} \sum_{j=0}^{N-1} \left[f(i,j) - \overline{f} \right] \left[g(i,j) - \overline{g} \right] \qquad (2.21)$$

式中,$\bar{f}$ 和 $\bar{g}$ 分别表示 $f(i,j)$ 和 $g(i,j)$ 的平均值。

8）相关系数

数字图像处理技术中的相关系数反映了两个不同波段图像所含信息的重叠程度，它是表示图像不同波段间相关程度的统计量。

相关系数的计算公式如下：

$$r_{fg} = \frac{S_{fg}^2}{S_{ff}S_{gg}} \tag{2.22}$$

2.5　本章部分程序代码

2.5.1　统计类程序

```
//求矩阵均值
public doubleMatAvera(double[,] a)
{
double result= 0;
int m= a.GetLength(0);
int n= a.GetLength(1);
int i, j;
double sum= 0;
for (i= 0; i< m; i+ + )
{
    for (j= 0; j< n;j+ + )
    {
        sum= sum + a[i, j];
    }
}
result= sum / m / n;
return result;
}

//求矩阵均值
public doubleMatAvera(int[,] a)
{
    double result= 0;
    int m= a.GetLength(0);
    int n= a.GetLength(1);
    int i, j;
    double sum= 0;
```

```
    for (i= 0; i< m; i+ + )
    {
        for (j= 0; j< n;j+ + )
        {
            sum= sum + a[i, j];
        }
    }
    result= sum / m / n;
    return result;
}

//求矩阵方差
public doubleMatVaria(double[,] a)
{
    int m= a.GetLength(0);
    int n= a.GetLength(1);
    int i, j;
    double sum= 0;
    double aeve= MatAvera(a);
    for (i= 0; i < = m- 1; i+ + )
    {
        for (j= 0; j < = n- 1;j+ + )
        {
            sum= sum + Math.Pow((a[i, j]- aeve), 2);
        }
    }
    double result= sum / m / n;
    return result;
}
public doubleMatVaria(int[,] a)
{
    int m= a.GetLength(0);
    int n= a.GetLength(1);
    int i, j;
    double sum= 0;
    double aeve= MatAvera(a);

    for (i= 0; i < = m- 1; i+ + )
    {
        for (j= 0; j < = n- 1;j+ + )
        {
            sum= sum + Math.Pow((a[i, j]- aeve), 2);
        }
    }
    double result= sum / m / n;
```

```
        return result;
}

//求两个矩阵协方差
public doubleMatCovar(double[,] a, double[,] b)
{
    int m= a.GetLength(0);
    int n= a.GetLength(1);
    int i, j;
    double aev1= MatAvera(a);
    double aev2= MatAvera(b);
    double sum= 0;
    for (i= 0; i < = m- 1; i+ + )
    {
        for (j= 0; j < = n- 1;j+ + )
        {
            sum= sum+ (a[i, j]- aev1) * (b[i, j]- aev2);
        }
    }
    double result= sum / m / n;
    return result;
}
public doubleMatCovar(int[,] a, int[,] b)
{
    int m= a.GetLength(0);
    int n= a.GetLength(1);
    int i, j;
    double aev1= MatAvera(a);
    double aev2= MatAvera(b);
    double sum= 0;
    for (i= 0; i < = m- 1; i+ + )
    {
        for (j= 0; j < = n- 1;j+ + )
        {
            sum= sum+ (a[i, j]- aev1) * (b[i, j]- aev2);
        }
    }
    double result= sum / m / n;
    return result;
}

//求两个矩阵相关系数
public doubleMatCorr(double[,] a, double[,] b)
{
    double var1= MatVaria(a);
```

```
        double var2= MatVaria(b);
        double cov12= MatCovar(a, b);
        double result= cov12 /Math.Sqrt(var1* var2);
        return result;
    }
public doubleMatCorr(int[,] a, int[,] b)
{
        double var1= MatVaria(a);
        double var2= MatVaria(b);
        double cov12= MatCovar(a, b);
        double result= cov12 /Math.Sqrt(var1* var2);
        return result;
    }


//图像特征点绘图
public BitmapMapDrawPoint(int[,] a, Bitmap bm)
{
        Graphics g= Graphics.FromImage(bm);
        int i, j;
        Pen p= new Pen(Color.Red, 1);//定义一个红色、宽度为 1 的画笔
        for (i= 0; i <= bm.Height- 1; i+ + )
        {
            for (j= 0; j <= bm.Width- 1; j+ + )
            {
                if (a[i, j]== 255)
                {

                    g.DrawLine(p, j- 5, i, j+ 5, i);
                    g.DrawLine(p, j, i- 5, j, i+ 5);
                }
            }
        }
        Bitmap result= bm;
        return result;
    }
```

2.5.2　滤波类程序

```
//生成双精度矩阵
public double[,] MatToDouble(int[,] a)
{
        int m= a.GetLength(0);
        int n= a.GetLength(1);
        double[,] result= new double[m, n];
```

```
    int i, j;
    for (i= 0; i< m; i+ + )
    {
        for (j= 0; j< n;j+ + )
        {
            result[i, j]= (double)a[i, j] / 255;
        }
    }
    return result;
}
//生成整数矩阵
public int[,] MatToInt(double[,] a)
{
    int m= a.GetLength(0);
    int n= a.GetLength(1);
    int[,] result= new int[m, n];
    inti, j;
    for (i= 0; i< m; i+ + )
    {
        for (j= 0; j< n;j+ + )
        {
            result[i, j]= Convert.ToInt16(a[i, j]* 255);
        }
    }
    return result;
}
//求中位数
public int Mat1Mid(int[] a)
{
    int m= a.GetLength(0);
    int i, j;
    int min, t, result;
    for (i= 0; i< m- 1; i+ + )
    {
        min= i;
        for (j= i+ 1; j< m; j+ + )
        {
            if (a[j]< a[min])
                min= j;
        }
        t= a[min];
        a[min]= a[i];
        a[i]= t;
    }
    int k= (int)(m+ 1) / 2;
```

```
        result= a[k];
        return result;
    }

    //求中位数
    public int Mat2Mid(int[,] a)
    {
        int m= a.GetLength(0);
        int n= a.GetLength(1);
        int i, j;
        int min, t, result;
        int k= m* n;
        int[] temp= new int[k];
        for (i= 0; i< m; i+ + )
        {
            for (j= 0; j< n;j+ + )
            {
                temp[i* m+ j]= a[i, j];
            }
        }

        for (i= 0; i< k; i+ + )
        {
            min= i;
            for (j= i+ 1; j< k; j+ + )
            {
                if (temp[j]< temp[min])
                    min= j;
            }
            t= temp[min];
            temp[min]= temp[i];
            temp[i]= t;
        }
        int h= (int)(k- 1) / 2;
        result= temp[k];
        return result;
    }

    //二维高斯滤波矩阵
    public double[,] Gaussian(doublealf, int n)    //生成 n×n 的高斯矩阵
    {
        double u= Math.Floor((double)((n- 1) / 2));
        double[,] b= new double[n, n];
        double sum= 0;
        for (int i= 0; i< n; i+ + )
```

```
        {
            for (int j= 0; j< n;j+ + )
            {
                b[i, j]= Math.Exp(- ((i- u)* (i- u)+ (j- u)* (j- u))
/ 2 / alf / alf) / Math.Sqrt(2* Math.PI) / alf;
                sum= sum + b[i, j];
            }
        }
        for (int i= 0; i< n; i+ + )
        {
            for (int j= 0; j< n;j+ + )
            {
                b[i, j]= b[i, j] / sum;
            }
        }
        return b;
    }


//求两个矩阵卷积
public double[,] Filter2Mat(double[,] a, double[,] t)
{
    int l, m, n;
    m= a.GetLength(0);
    n= a.GetLength(1);
    l= t.GetLength(0);
    int i, j, i1, j1;
    double[,] result= new double[m, n];
    for (i= 0; i < = m- 1; i+ + )
    {
        for (j= 0; j < = n- 1;j+ + )
        {
            result[i, j]= 0;
        }
    }
    int u= (l- 1) / 2;
    //搜索区定义
    for (i= u; i < = m- u- 1; i+ + )
    {
        for (j= u; j < = n- u- 1;j+ + )
        {
            //每个搜索区计算卷积
            for (i1= - u; i1 < = u; i1+ + )
            {
                for (j1= - u; j1 < = u; j1+ + )
                {
```

```
                            result[i, j]= result[i, j]+ a[i+ i1, j+ j1]*
t[u+ i1, u+ j1];
                    }
                }
                result[i, j]= Math.Abs(result[i, j]);
            }
        }
        return result;
    }

    //求两个矩阵卷积
    public int[,] Filter2Mat(int[,] a, int[,] t)
    {
        int l, m, n;
        m= a.GetLength(0);
        n= a.GetLength(1);
        l= t.GetLength(0);
        int i, j, i1, j1;
        int[,] result= new int[m, n];
        for (i= 0; i <= m- 1; i++ )
        {
            for (j= 0; j <= n- 1;j++ )
            {
                result[i, j]= 0;
            }
        }
        int u= (l- 1) / 2;
        //搜索区定义
        for (i= u; i <= m- u- 1; i++ )
        {
            for (j= u; j <= n- u- 1;j++ )
            {
                //每个搜索区计算卷积
                for (i1= - u; i1 <= u; i1++ )
                {
                    for (j1= - u; j1 <= u; j1++ )
                    {
                        result[i, j]= result[i, j]+ a[i+ i1, j+ j1]*
t[u+ i1, u+ j1];
                    }
                }
                result[i, j]= Math.Abs(result[i, j]);
            }
        }
        return result;
    }
```

习　题

1. 解释线性系统在数字图像处理中的作用,并给出一个具体的应用实例。

2. 阐述调谐信号分析的重要性,并解释它如何与线性系统相结合。

3. 推导一个简单的线性系统的传递函数,并解释其在图像处理中的意义。

4. 描述连续卷积和离散卷积之间的区别,并给出各自的一个应用场景。

5. 通过一个例子,说明如何使用卷积来实现图像滤波,并解释其在图像增强中的作用。

6. 解释低通滤波器和高通滤波器的工作原理,并比较它们在图像处理中的作用。

7. 给出一个具体的图像滤波器设计的例子,并解释其参数如何影响滤波结果。

8. 解释图像的统计运算如何帮助我们理解图像内容,并给出一个相关的计算实例。

9. 编写一个简单的 C♯ 程序,实现图像的均值滤波,并解释其代码逻辑。(参考 2.5.2 滤波类程序)

10. 描述如何使用统计类程序(参考 2.5.1 统计类程序)来计算图像的直方图,并解释直方图在图像分析中的作用。

◇第三章
数字图像处理的基本运算

数字图像的信息是指每个像素点的属性信息,主要包括像素点所在的位置(行和列)以及该像素点的灰度值。数字图像处理与分析的基本运算包含两个方面的内容:其一是对像素点的灰度值按一定的法则进行运算,改变像素点灰度值以达到图像处理的目的;其二就是对像素点的位置进行改正,实现图像的几何变换。

数字图像处理运算中输入信息常常为一幅或多幅图像,而处理与分析的结果可以表现为不同的输出信息类型,如图像、文本、数值或符号。

3.1 图像直方图

图像直方图是灰度级的函数,描述的是图像中该灰度级的像素个数,即:横坐标表示灰度级,纵坐标表示图像中该灰度级出现的个数。图像直方图由于其计算代价较小,且具有图像平移、旋转、缩放不变性等众多优点,广泛地应用于图像处理的各个领域,特别是灰度图像的阈值分割、基于颜色的图像检索以及图像分类。

直方图的意义如下:

(1)直方图是图像中像素强度分布的图形表达方式。

(2)它统计了每一个强度值所具有的像素个数。

图 3.1 分别表示了某高速公路监控视频的真彩色图像、灰度图像和相应的灰度直方图。可以看出直方图中灰度值在 150 左右的分布较大,对应为图像中路面部分。

（a）真彩色图像

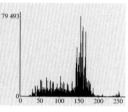

（b）灰度图像

（c）灰度直方图

图 3.1　图像及其灰度直方图

图像直方图的性质：直方图是一幅图像中各像素灰度值出现次数（或频数）的统计结果，它只反映该图像中不同灰度值出现的次数（或频数），而未反映某一灰度值像素所在位置。也就是说，它只包含了该图像中某一灰度值的像素出现的概率，而丢失了其所在位置的信息。

任一幅图像，都能唯一地确定出一幅与它对应的直方图，但不同的图像，可能有相同的直方图。也就是说，图像与直方图之间是多对一的映射关系。图 3.2 就是一个不同图像具有相同直方图的例子。

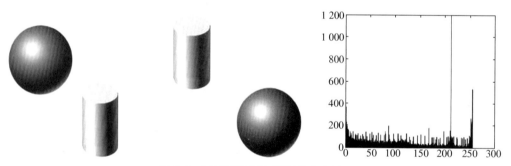

图 3.2　不同图像具有相同的直方图

图像的灰度直方图具有以下用途：

（1）判断图像量化是否恰当

直方图给出了一个简单可见的指示，用来判断一幅图像是否合理地利用了全部被允许的灰度级范围。一般一幅图应该利用全部或几乎全部可能的灰度级，否则等于增加了量化间隔，丢失的信息将不能恢复。图 3.3 中，图（a）的图像色调偏亮，从直方图中可以看见，低色调的像素个数很小。对图（a）进行处理后，得到的图（b），此时图像色调均匀，直方图也充分利用了所有的灰度区间。

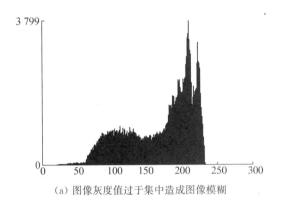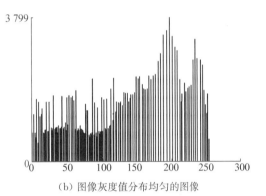

（a）图像灰度值过于集中造成图像模糊　　　　　（b）图像灰度值分布均匀的图像

图 3.3　图像及其灰度直方图

（2）边界阈值选取

假设某图像的灰度直方图具有二峰性，则表明这个图像较亮的区域和较暗的区域可以较好地分离（图 3.4），取这一点为阈值点，可以得到好的二值处理的效果。

（a）灰度图像　　　　　　　　（b）二值化后的二值图像

图 3.4　直方图选取阈值分割图像

灰度直方图反映了图像中各级灰度级出现的个数，即灰度级的密度函数，对于 8 位的灰度图像，其密度函数可以用例如 imhist[256]的一维数组来存储。数字图像处理与分析中，常常会用到灰度级的分布函数，客观上可以称之为灰度累计直方图，其也用例如 imsumhist[256]的一维数字来表示,其与密度函数的关系用公式(3.1)来表示。

$$imsumhist[0]=imhist[0]$$

$$imsumhist[i]=imsumhist[i-1]+imhist[i] \quad (i=1,2,3,\cdots,255)$$

(3.1)

同样,灰度累计直方图也可以用图像来形象化地表示,见图 3.5。从图 3.5(c)可以看出灰度级的变换程度。

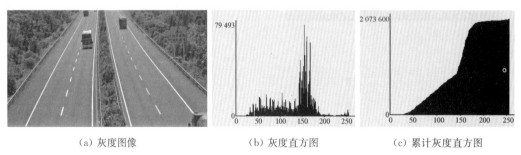

(a) 灰度图像　　　　　　(b) 灰度直方图　　　　　　(c) 累计灰度直方图

图 3.5　图像及其灰度直方图

3.2　图像的点运算

图像三维点运算是指对图像的像素值进行逐点运算,其特点在于只与原始像素值进行影射运算,而与相邻的像素点没有运算关系,是一种简单但却十分有效的图像处理方法。点运算又称为"对比度增强"、"对比度拉伸"或"灰度变换"。图像的点运算包括以下几种方法。

3.2.1　灰度线性变换

灰度线性拉升就是将图像的像素值通过指定的线性函数进行变换,以此增强或者减弱图像的灰度。灰度线性拉升的公式就是常见的一维线性函数。其运算公式见式(3.2)。

$$D_B=kD_A+b$$

(3.2)

式中,D_A、D_B 是像素点运算前后的灰度值;k、b 是运算的乘数和加数。

- 当 $k>1$ 时,增加图像的对比度;
- 当 $k=1$ 时,调节图像亮度;
- 当 $0<k<1$ 时,图像对比度和整体效果都被削弱了;
- 当 $k<0$ 时,原图像较亮的区域变暗,而较暗的区域会变亮。

3.2.2　灰度拉伸

图像的灰度拉伸是使其覆盖较大的取值区间$[0-255]$,从而提高图像的对比度以便观察。灰度拉伸又叫做对比度拉伸,它与线性变换有些类似,不同之处在于灰度拉伸首先计算图像的最大像素值 MaxPixel 和最小像素值 MinPixel,计算出拉伸系数k,然后对图像进行灰度拉伸,计算公式见式(3.3)。

$$\begin{cases} k = \dfrac{255}{\text{MaxPixel-MinPixel}} \\ D_B = k \times (D_A - \text{MinPixel}) \end{cases} \tag{3.3}$$

3.2.3　分段线性变换

当需要对图像中的每个灰度区间进行重点运算时,可以进行分段线性变换,它最大的优势是变换函数可以由用户任意合成。分段线性变换计算公式及其几何意义见公式(3.4)和图 3.6。

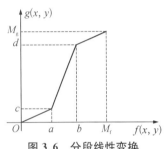

图 3.6　分段线性变换

$$\begin{cases} D_B = \dfrac{c}{a} \times D_A & 0 < D_A < a \\ D_B = \left(\dfrac{d-c}{b-a}\right) \times (D-a) + c & a < D_A < b \\ D_B = \left(\dfrac{M_g-d}{M_f-b}\right) \times (D_A-b) + d & b < D_A < M_f \end{cases} \tag{3.4}$$

利用分段线性变换对图像中某个重要灰度区间进行局部拉伸的示例见图 3.7,根据原图像灰度区间在较暗和较亮的图像值都不够明显的缺陷,对这两个区间进行缩小和放大处理,使得图像的像素分布更加合理,图像的视觉效果也更好。

图 3.7　图像的分段线性拉伸示例

3.2.4 非线性拉伸

非线性拉伸是采用非线性函数对原图像进行灰度变换,常用的非线性拉伸函数有对数变换、幂次变换和指数变换。

1) 对数变换(log)

对数变换是采用公式(3.5)的对数函数对灰度值进行变换,其中参数 k 和 b 根据实际情况选取。

$$D_B = k \times \log (D_A + b) \tag{3.5}$$

2) 幂次变换

幂次变换是实际操作中使用较多的非线性拉伸,其拉伸公式见公式(3.6),其中参数 γ 根据需要选取。当 $\gamma<1$ 时,其变换效果见图 3.8(a)中的图形,使图像增亮,$\gamma>1$ 时,其变换效果见图 3.8(b)中的图形,使图像变暗。

$$D_B = D_A^{\gamma} \tag{3.6}$$

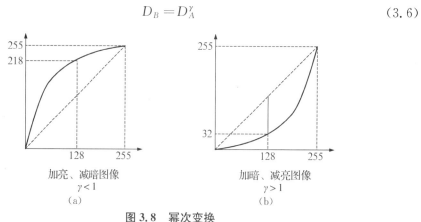

图 3.8　幂次变换

图 3.9 是 γ 采用 0.5 和 2.0 的情况下对原图像进行幂次拉伸的效果图。

图 3.9　幂次变换原图像和变换结果

3）指数变换

指数变换是采用公式(3.7)的指数函数对灰度值进行变换,其中参数 k 和 b 根据实际情况选取。

$$D_B = e^{(kD_A+b)} \tag{3.7}$$

3.3 直方图均衡化

直方图均衡化是把原始图像的灰度直方图从比较集中的某个灰度区间变成在全部灰度范围内的均匀分布。直方图均衡化就是对图像进行非线性拉伸,重新分配图像像素值,使一定灰度范围内的像素数量大致相同。直方图均衡化就是把给定图像的直方图改变成"均匀"分布直方图。

在实际处理变换时,一般先对原始图像的灰度情况进行统计分析,并计算出原始图像直方图的密度函数和分布函数,然后根据计算出的累计直方图分布求出 f 到 g 的灰度映射关系。其计算过程如图 3.10 所示。

对于原图像中的某个灰度值 i ($i=205$),其累计直方图上的分布函数值为 200 万个。均衡化后的累计直

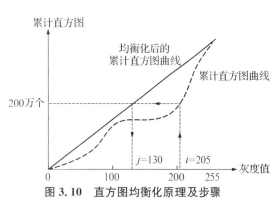

图 3.10 直方图均衡化原理及步骤

方图上分布函数为 200 万个的对应值为 j($j=130$)。也就是说,出现 200 万个的灰度值理论上是 130 的灰度值,而原始图像上是 205 的灰度值。因此,把原始图像上灰度值为 i 的灰度值改为 j 即可。

图 3.11 是直方图均衡化的应用实例,左图图像偏暗,其直方图偏向低亮度区域。经直方图均衡化后,图像亮度均匀,其直方图也趋于平衡。

直方图均衡化实质上是减少图像的灰度级以换取对比度的加大。在均衡过程中,原来的直方图上频数较小的灰度级被归入很少几个或一个灰度级内,故得不到增强。若这些灰度级所构成的图像细节比较重要,则需采用局部区域直方图均衡。

同时,对于那些分布密度大于平均数的灰度值,其出现的密度较大,但均衡化的过程中并不会降低其密度,而是占用其周围灰度值的密度空间,也就是说,均衡化后的图像直方图并不是理想中的一条直线,例如图 3.12 中,低亮度的密度很大,均衡化后其

密度没有降低,而是占用了几乎一半的灰度空间。

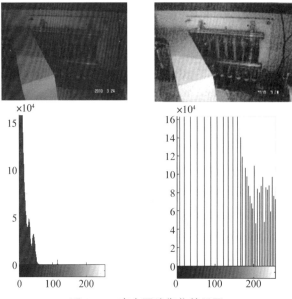

图 3.11　直方图均衡化效果图

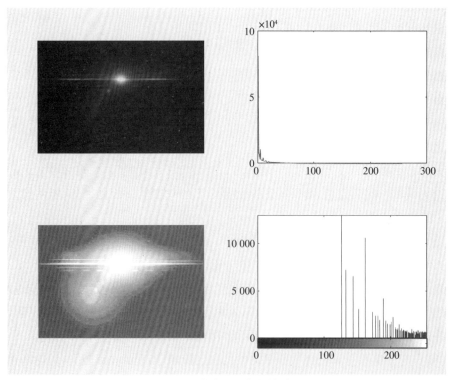

图 3.12　直方图均衡化的缺陷

3.4 直方图规定化

直方图规定化就是通过一个灰度映像函数,将原灰度直方图改造成所希望的直方图。所以直方图修正的关键就是灰度映像函数。直方图规定化是将原始图像处理成具有理想图像相似的直方图图像。同样,将原始图像和理想图像继续直方图和累计直方图计算,其累计直方图的分布曲线见图3.13,然后按以下步骤找出两者之间的对应关系。

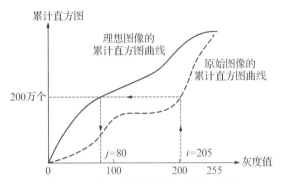

图 3.13 直方图规定化的原理及步骤

对于原图像中的某个灰度值 $i(i=205)$,其累计直方图上的分布函数值为 200 万个。理想图像的累计直方图上的分布函数为 200 万个的对应值为 $j(j=80)$。也就是说,出现 200 万个的灰度值理论上是 80 的灰度值,而原始图像上是 205 的灰度值。因此,把原始图像上灰度值为 i 的灰度值改为 j 即可。

根据直方图规定化的原理,图 3.14 为变换后的图像示例。

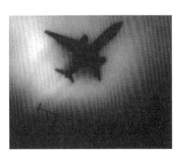

（a）原始图像　　　　　　（b）直方图目标图像　　　　　（c）规定化结果

图 3.14 直方图规定化示例

图 3.15 为与图 3.14 对应的三幅图像的规定化直方图。

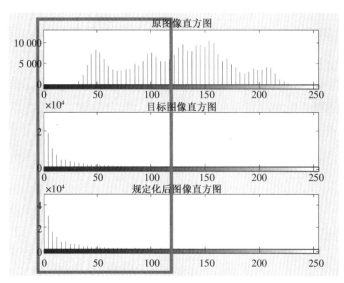

图 3.15　三种图像的直方图

直方图规定化具有直方图均衡化的缺陷,即对于那些分布密度大于平均数的灰度值,其出现的密度较大,规定化的过程中并不会降低其密度,而是占用其周围灰度值的密度空间(图 3.16)。

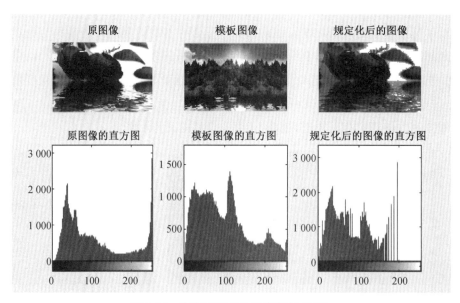

图 3.16　直方图规定化后的直方图对比

3.5　图像的几何变换

图像的几何变换(Geometric Transformation)是指图像处理中对图像平移、旋转、放大和缩小、镜像、扭曲、畸变改正等这些简单变换以及变换中灰度插值处理等。几何变换可能改变图像中各物体之间的空间位置关系。几何变换不改变像素值,只改变像素所在的位置。

3.5.1 空间变换

1）齐次变换

几何变换所采用的齐次变换一般形式为公式(3.8)。

$$\begin{bmatrix} x' \\ y' \end{bmatrix} = \mathbf{T} \begin{bmatrix} x \\ y \end{bmatrix} = \begin{bmatrix} a & b \\ c & d \end{bmatrix} \begin{bmatrix} x \\ y \end{bmatrix} \tag{3.8}$$

根据几何学知识,上述变换可以实现图像各像素点以坐标原点的比例缩放、反射、错切和旋转等各种变换,但是上述 2×2 变换矩阵 $\mathbf{T}$ 不能实现图像的平移以及绕任意点的比例缩放、反射、错切和旋转等变换。

2）图像平移

公式(3.9)是实现图像平移的公式,其与公式(3.8)具有明显的区别。

$$\begin{bmatrix} x' \\ y' \end{bmatrix} = \begin{bmatrix} 1 & 0 \\ 0 & 1 \end{bmatrix} \begin{bmatrix} x \\ y \end{bmatrix} + \begin{bmatrix} \Delta x \\ \Delta y \end{bmatrix} \tag{3.9}$$

为了使公式(3.9)具有图像平移的功能,根据矩阵相乘的规律,在坐标列矩阵 $[x \quad y]^{\mathrm{T}}$ 中引入第三个元素,扩展为 3×1 的列矩阵 $[x \quad y \quad 1]^{\mathrm{T}}$,就可以实现点的平移变换。变换形式如式(3.10)。

$$\begin{bmatrix} x' \\ y' \end{bmatrix} = \begin{bmatrix} 1 & 0 & \Delta x \\ 0 & 1 & \Delta y \end{bmatrix} \begin{bmatrix} x \\ y \\ 1 \end{bmatrix} \tag{3.10}$$

上述变换虽然可以实现图像各像素点的平移变换,但为变换运算时更方便,一般将 2×3 阶变换矩阵 $\mathbf{T}$ 进一步扩充为 3×3 方阵,即采用式(3.11)的变换矩阵。

$$\mathbf{T} = \begin{bmatrix} 1 & 0 & \Delta x \\ 0 & 1 & \Delta y \\ 0 & 0 & 1 \end{bmatrix} \tag{3.11}$$

这样一来,平移变换可以用公式(3.12)的形式表示。

$$\begin{bmatrix} x' \\ y' \\ 1 \end{bmatrix} = \begin{bmatrix} 1 & 0 & \Delta x \\ 0 & 1 & \Delta y \\ 0 & 0 & 1 \end{bmatrix} \begin{bmatrix} x \\ y \\ 1 \end{bmatrix} \qquad (3.12)$$

这种以 $n+1$ 维向量表示 n 维向量的方法称为齐次坐标表示法。齐次坐标的几何意义相当于：点 (x,y) 投影在 $O\text{-}xyz$ 三维立体空间的 $z=1$ 的平面上。

3）图像缩放

对图像进行缩放的变换矩阵是在式（3.11）的基础上进行修改，其矩阵见式（3.13）。

$$\boldsymbol{T} = \begin{bmatrix} a & 0 & \Delta x \\ 0 & b & \Delta y \\ 0 & 0 & 1 \end{bmatrix} \qquad (3.13)$$

对应的图像缩放公式见式（3.14）。

$$\begin{bmatrix} x' \\ y' \\ 1 \end{bmatrix} = \begin{bmatrix} a & 0 & \Delta x \\ 0 & b & \Delta y \\ 0 & 0 & 1 \end{bmatrix} \begin{bmatrix} x \\ y \\ 1 \end{bmatrix} \qquad (3.14)$$

4）图像旋转

对图像进行旋转的变换矩阵也是在式（3.11）的基础上进行修改，其矩阵见式（3.15）。

$$\boldsymbol{T} = \begin{bmatrix} \cos\alpha & -\sin\alpha & \Delta x \\ \sin\alpha & \cos\alpha & \Delta y \\ 0 & 0 & 1 \end{bmatrix} \qquad (3.15)$$

对应的图像缩放公式见式（3.16）。

$$\begin{bmatrix} x' \\ y' \\ 1 \end{bmatrix} = \begin{bmatrix} \cos\alpha & -\sin\alpha & \Delta x \\ \sin\alpha & \cos\alpha & \Delta y \\ 0 & 0 & 1 \end{bmatrix} \begin{bmatrix} x \\ y \\ 1 \end{bmatrix} \qquad (3.16)$$

3.5.2 灰度插值

在对图像进行旋转、缩放或者畸变校正时就会涉及像素插值。例如图 3.17 中,左边是原始图像,我们对原始图像进行旋转和缩小,就会看到旋转和缩小后的图像与原始图像的像素点是不重合的,所以为了获得输出的图像我们就要求出这些新的位置的像素点的值,这个工作称为像素插值。

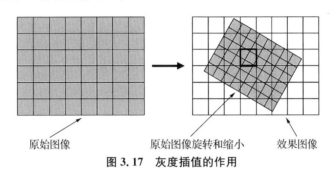

原始图像　　　　原始图像旋转和缩小　　效果图像

图 3.17　灰度插值的作用

常用的灰度插值方法有最邻近插值、双线性插值和三次样条函数插值。

最近邻插值,也称为零阶插值,这是最简单的插值方法,计算量较小,对于未知位置,直接采用与它最邻近的像素点的值为其赋值,这种方法通常会造成插值图像中像素点灰度值不连续,在图像边缘产生明显的锯齿状,所以现实中很少使用这种方法。

双线性插值的计算流程是:(1) 根据几何变换公式计算变换后图像上的像素点 (x',y') 对应于原始图像上的像素点 (x,y);(2) 这时的坐标值 (x,y) 一般不是整数,取整数部分为 (xk,yk)、小数部分为 (ix,iy);(3) 根据原始图像上四个点 (xk,yk)、$(xk+1,yk)$、$(xk,yk+1)$、$(xk+1,yk+1)$ 的像素值可以计算像素点 (x',y') 点的像素值。计算公式见式(3.17)。

$$g(x',y')=p_1 \cdot f(xk,yk)+p_2 \cdot f(xk+1,yk)+p_3 \cdot f(xk,yk+1)+ \\ p_4 \cdot f(xk+1,yk+1) \tag{3.17}$$

其中,p_1、p_2、p_3、p_4 为四个点的权,其计算方法见公式(3.18)。

$$\begin{cases} p_1=(1-ix) \cdot (1-iy) \\ p_2=(1-ix) \cdot iy \\ p_3=ix \cdot (1-iy) \\ p_4=ix \cdot iy \end{cases} \tag{3.18}$$

双线性插值的几何意义是,局部范围内的灰度分布沿 x 轴和 y 轴的方向呈线性分布,但是沿其他方向是二次分布。其几何意义示意图见图 3.18。

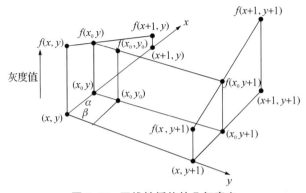

图 3.18　双线性插值的几何意义

3.6　本章程序代码

3.6.1　直方图程序

```
//计算直方图
public int[,] MatHist(int[,] a)
{
        int m= a.GetLength(0);
        int n= a.GetLength(1);
        int[,] result= new int[256];
        int i,j;
        for (i= 0; i< m; i+ + )
        {
            for (j= 0; j< n;j+ + )
            {
                temp= a[i, j];
                result [temp]+ + ;
            }
        }
    return result;
}

//统计直方图
public int[] MatHistSum(int[] a)
{
        int m= a.GetLength(0);
        int[,] result= new int[m];
        int i;
        result[0]= a[0];
        for (i= 1; i< m; i+ + )
```

```
        {
            result[i]= result[i- 1]+ a[i];
        }
    return result;
}
```

//灰度图像直方图均衡化
```
public int[,] MatEqualization(int[,] a)
{
    int m= a.GetLength(0);
    int n= a.GetLength(1);
    int[,] result= new int[m,n];
    int[] hist= MatHist( a);
    int[] histsum= HistSum(hist);
    int[] newgray= new int[256];
    int i,j;
    double k= (double)(m* n)/256.0;
    for (int i= 0; i< 256; i+ + )
    {
        double temp= (double)histsum[i]/k;
        newgray[i]= (int)temp;
    }
}
```

//灰度图像直方图规定化
```
public int[,] MatPrese(int[,] a,int[] hist1)
{
    int m= a.GetLength(0);
    int n= a.GetLength(1);
    int[,] result= new int[m, n];
    int[] hist2= MatHist(a);
    int[] sumhist1= MatHistSum(hist1);
    int[] sumhist2= MatHistSum(hist2);
    int[] newgray= new int[256];
    int i, j;
    for (i= 0; i< 256; i+ + )
    {
        int sum1= sumhist2[i];
        int MAX0= 100000;
        int temp= 0;
        for (j= 0; j< 256;j+ + )
        {
            int MAX1= Math.Abs(sum1- sumhist2[j]);
            if(MAX0 > = MAX1)
            {
```

```
                MAX0= MAX1;
                temp= j;
            }
        }
        newgray[i]= (int)(temp);
    }
    for (i= 0; i< m; i+ + )
    {
        for (j= 0; j< n;j+ + )
        {
            int temp= a[i, j];
            result[i, j]= newgray[temp];
        }
    }
    return result;
}
```

3.6.2 点运算类程序

```
//线性拉伸
public int[,] StretchLine(double[,] a)
{
    int m= a.GetLength(0);
    int n= a.GetLength(1);
    int[,] result= new int[m, n];
    double min= a[0, 0];
    double max= a[0, 0];
    int i, j;
    for (i= 0; i< m; i+ + )
    {
        for (j= 0; j< n;j+ + )
        {
            if (a[i, j] > = max) max= a[i, j];
            if (a[i, j] < = min) min= a[i, j];
        }
    }
    double k= 255.0 / (double)(max- min);
    for (i= 0; i< m; i+ + )
    {
        for (j= 0; j< n;j+ + )
        {
                result[i, j]= Convert.ToInt16((double) a[i, j]-
(double)min) * k);
```

```
            }
        }
        return result;
    }
    //幂次拉伸
    public int[,] StretchPower(int[,] a, double gamma)
    {
        int m= a.GetLength(0);
        int n= a.GetLength(1);
        int[,] result= new int[m, n];
        int[,] b= StretchLine(a);
        double[,] c= IntToDouble(b);
        double[,] d= new double[m, n];
        int i, j;
        for (i= 0; i< m; i+ + )
        {
            for (j= 0; j< n;j+ + )
            {
                d[i, j]= Math.Pow(c[i, j], gamma);
            }
        }
        result= DoubleToInt(d);
        return result;
    }
```

3.6.3　几何变换程序

```
    public int[,] MatToHalf(int[,] a)
        {
            int m= a.GetLength(0);
            int n= a.GetLength(1);
            int m1= m/2;
            int n1= n/2;
            int[,] result= new int[m1, n1];
            int i, j;
            for (i= 0; i< m1; i+ + )
            {
                for (j= 0; j< n1;j+ + )
                {
                result[i, j]= (int) (a[2* i, 2* j]+ a[2* i+ 1, 2* j]+
a[2* i, 2* j+ 1]+ a[2* i+ 1, 2* j+ 1]) / 4;
                }
            }
```

```
            return result;
        }
    public int[,]MatZoomin(int[,] a, int H, int W)//矩阵缩放
        {
            int m= a.GetLength(0);
            int n= a.GetLength(1);
            double k1= (double)H / (double)m;//竖直比例因子
            double k2= (double)W / (double)n;//水平比例因子
            int[,] result= new int[H, W];
            for (int i= 0; i< H; i+ + )
            {
                for (int j= 0; j< W;j+ + )
                {
                    double h1= (double)i / k1;
                    double w1= (double)j / k2;
                    int ih= (int)h1;//取整数部分
                    int iw= (int)w1;
                    double dh,dw;
                    if (ih= = m) { dh= 0; }
                    else
                    {
                        dh= h1 - ih;//取小数部分}
                        if (iw= = n) { dw= 0; }
                        else
                        {
                            dw= h1- ih;//取小数部分
                            double p1, p2, p3, p4;
                            p1= (1 - dw)* (1- dh);    //计算权重
                            p2= dw* (1- dh) ;
                            p3= (1 - dw) * dh;
                            p4= dw * dh;
                            result[i, j]= Convert.ToInt16(a[ih, iw]* p1+
    a[ih, iw+ 1]* p2+ a[ih+ 1, iw ]* p3+ a[ih+ 1, iw+ 1]* p4);
                                //通过加权平均值求出像素值
                        }
                    }
                }
            }
            return result;
        }
    public int[,] GeoTrans(int[,] a, int h1, int w1, int h2, int w2, int
    h3, int w3, int h4, int w4, int H, int W)
        {
            int m= a.GetLength(0);
```

```
        int n= a.GetLength(1);
        int[,] result= new int[H, W];
        int i, j;
        for (i= 0; i< H; i+ + )
        {
            for (j= 0; j< W;j+ + )
            {
            result[i, j]= 0;
            }
        }
    double[,] b= { { 0, 0, 0, 1 }, { 0, W, 0, 1 }, { H, W, H* W, 1 }, { H, 0,
0, 1 } };
    double[] lh= { h1, h2, h3, h4 };
    double[] lw= { w1, w2, w3, w4 };
    double[,] q= MatInver(MatMulti(MatTrans(b), b));
    double[] xh= MatMulti(q, MatMulti(MatTrans(b), lh));
    double[] xw= MatMulti(q, MatMulti(MatTrans(b), lw));
    for (i= 0; i< H; i+ + )
    {
        for (j= 0; j< W;j+ + )
        {
            double id= (double)i; double jd= (double)j;
            double h= xh[0]* id+ xh[1]* jd+ xh[2]* id* jd+ xh[3];
            double w= xw[0]* id+ xw[1]* jd+ xw[2]* id* jd+ xw[3];
            int ih= (int)h;//取整数部分
            int iw= (int)w;
            double dh= h - ih;//取小数部分
            double dw= w- iw;//取小数部分
            if (ih< 0 || ih > = m || iw< 0 || iw > = n) { result[i, j]= 0;
            double p1, p2, p3, p4;
            p1= (1 - dw)* (1- dh);          //计算权重
            p2= dw* (1- dh);
            p3= (1 - dw)* dh;
            p4= dw* dh;
            result[i, j]= Convert.ToInt16(a[ih, iw]* p1+ a[ih, iw+
1]* p2+ a[ih+ 1, iw]* p3+ a[ih+ 1, iw+ 1]* p4);
                                    //通过加权平均值求出像素值
        }
        }
        return result;
    }
public double[,] MatMulti(double[,] a, double[,] b)
    {
        double[] result= null;
```

```
        int m1= a.GetLength(0);
        int n1= a.GetLength(1);
        int m2= b.GetLength(0);
        if (n1 ! = m2) return null;
        double[] c= new double[m1];
        int i, j, k;
        for (i= 0; i< m1; i+ + )
        {
            c[i]= 0;
            for (k= 0; k< n1; k+ + )
            {
                c[i]= c[i]+ a[i, k]* b[k];
            }
        }
        result= c;
        return result;
}

//求矩阵转置
public double[,] MatTrans(double[,] a)
{
    int m= a.GetLength(0);
    int n= a.GetLength(1);
    double[,] result= new double[n, m];
    int i, j;
    for (i= 0; i< m; i+ + )
    {
        for (j= 0; j< n;j+ + )
        {
            result[j, i]= a[i, j];
        }
    }
    return result;
}

//求矩阵相乘
public double[,] MatMulti(double[,] a, double[,] b)
{
    double[,] result= null;
    int m1= a.GetLength(0);
    int n1= a.GetLength(1);
    int m2= b.GetLength(0);
    int n2= b.GetLength(1);
    if (n1 ! = m2) return null;
    double[,] c= new double[m1, n2];
```

```
        inti, j, k;
        for (i= 0; i< m1; i+ + )
        {
            for (j= 0; j< n2;j+ + )
            {
                c[i, j]= 0;
                for (k= 0; k< n1; k+ + )
                {
                    c[i, j]= c[i, j]+ a[i, k]* b[k, j];
                }
            }
        }
        result= c;
        return result;
    }
    public double[,]MatInver(double[,] n) //求逆函数
    {
        int m= n.GetLength(0);
        double[,] q= new double[m, m];
        double u;
        int i, j, k;
        //置零
        for (i= 0; i < = m- 1; i+ + )
        {
            for (j= 0; j < = m- 1;j+ + )
            {
                if (i= = j) { q[i, j]= 1; } else { q[i, j]= 0; }
            }
        }
        // 求左下
        for (i= 0; i < = m- 2; i+ + )
        {
            //提取各行的主对角线元素
            u= n[i, i];
            for (j= 0; j < = m- 1;j+ + )//使 i 行的主对角线元素为 1
            {
                n[i, j]= n[i, j] / u; q[i, j]= q[i, j] / u;
            }
            for (k= i+ 1; k < = m- 1; k+ + )
            {
                u= n[k, i];
                for (j= 0; j < = m- 1;j+ + )
                {
                    n[k, j]= n[k, j]- u* n[i, j]; q[k, j]= q[k, j]- u*
q[i, j];
```

```
                    }
                }
            }

        u= n[m- 1, m- 1]; n[m- 1, m- 1]= 1;
        for (j= 0; j < = m- 1;j+ + )
        {
            q[m- 1, j]= q[m- 1, j] / u;
        }

        // 求右上
        for (i= m- 1; i > = 0; i- - )
        {
            for (k= i- 1; k > = 0; k- - )
            {
                u= n[k, i];
                for (j= 0; j < = m- 1;j+ + )
                {
                    n[k, j]= n[k, j]- u* n[i, j];
                    q[k, j]= q[k, j]- u* q[i, j];
                }
            }
        }
        return q;
    }


//彩色图像畸变改正
    public BitmapDistortRgbImage (Bitmap srcBitmap, double  x0,
double y0, double k1)
    {
        int wide= srcBitmap.Width;
        int height= srcBitmap.Height;
        Rectangle rect= new Rectangle(0, 0, wide, height);
        // 将 Bitmap 锁定系统内存中, 获得 BitmapData
        System. Drawing. Imaging. BitmapData srcBmData= srcBitmap.
LockBits(rect, System. Drawing. Imaging. ImageLockMode. ReadWrite,
System.Drawing.Imaging.PixelFormat.Format24bppRgb);
        //创建 Bitmap
        Bitmap dstBitmap= new Bitmap(wide, height,
System.Drawing.Imaging.PixelFormat.Format24bppRgb);
        // 目标图像数据
        System. Drawing. Imaging. BitmapData dstBmData= dstBitmap.
LockBits(rect, System. Drawing. Imaging. ImageLockMode. ReadWrite,
System.Drawing.Imaging.PixelFormat.Format24bppRgb);
        // 位图中第一个像素数据的地址。它也可以看成是位图中的第一个扫描行
```

```
        System.IntPtr srcPtr= srcBmData.Scan0;
        System.IntPtr dstPtr= dstBmData.Scan0;
        // 将 Bitmap 对象的信息存放到 byte 数组中
        int src_bytes= srcBmData.Stride* height;
        byte[] srcValues= new byte[src_bytes];
        int dst_bytes= dstBmData.Stride* height;
        byte[] dstValues= new byte[dst_bytes];
        //复制图像信息到 byte 数组
            System. Runtime. InteropServices. Marshal. Copy (srcPtr,
srcValues, 0, src_bytes);
            System. Runtime. InteropServices. Marshal. Copy (dstPtr,
dstValues, 0, dst_bytes);
        for (inti= 0; i< height- 1; i+ + )
        {
            for (int j= 0; j< wide- 1;j+ + )
            {
                //只处理每行中图像像素数据,舍弃未用空间
                //注意位图结构中 RGB 按 BGR 的顺序存储
                double detX= j- (wide / 2- 0.5);
                                    //目标图像像素行列坐标与像片坐标的转换
                double detY= - i+ (height / 2- 0.5);
                double detR= Math.Sqrt(detX* detX+ detY* detY);
                double R1= k1 * detR* detR* detR;
                double R= detR- R1;
                double R2= k1* R* R* R;
                while (Math.Abs(R2- R1) > 0.1)
                {
                    R1= R2;
                    R= detR- R2;
                    R2= k1* R* R* R;
                }
                double X= R /detR* detX;
                double Y= R /detR* detY;
                double Fi= (height / 2- 0.5- y0)- Y;
                double Fj= (wide / 2- 0.5+ x0)+ X;
                int Fi1= (int)Math.Truncate(Fi);          //取整数部分
                int Fj1= (int)Math.Truncate(Fj);
                double xx= Fi- Fi1;
                double yy= Fj- Fj1;
                int k= 3* Fj1;
                if ((Fi1 > = 0 && Fi1 < = height- 2) && (Fj1 > = 0 && Fj1
< = wide- 2))
                {
                dstValues[i* dstBmData.Stride+ 3* j+ 2]= (byte)((1
- xx)* (1- yy)* (byte)(srcValues[Fi1* srcBmData.Stride+ k+ 2])+
```

```
xx* (1- yy)* (byte)(srcValues[Fi1* srcBmData.Stride+ 3* (Fj1+ 1)+
2])+ yy* (1- xx)* (byte)(srcValues[(Fi1+ 1)* srcBmData.Stride+ k+
2])+ xx* yy* (byte)(srcValues[(Fi1+ 1)* srcBmData.Stride+ 3* (Fj1
+ 1)+ 2]));
                    dstValues[i* dstBmData.Stride+ 3* j+ 1]= (byte)((1
- xx)* (1- yy)* (byte)(srcValues[Fi1* srcBmData.Stride+ k+ 1])+
xx* (1- yy)* (byte)(srcValues[Fi1* srcBmData.Stride+ 3* (Fj1+ 1)+
1])+ yy* (1- xx)* (byte)(srcValues[(Fi1+ 1)* srcBmData.Stride+ k+
1])+ xx* yy* (byte)(srcValues[(Fi1+ 1)* srcBmData.Stride+ 3* (Fj1
+ 1)+ 1]));
                    dstValues[i* dstBmData.Stride+ 3* j]= (byte)((1-
xx)* (1- yy)* (byte)(srcValues[Fi1* srcBmData.Stride+ k])+ xx* (1
- yy)* (byte)(srcValues[Fi1* srcBmData.Stride+ 3* (Fj1+ 1)])+ yy*
(1- xx)* (byte)(srcValues[(Fi1+ 1)* srcBmData.Stride+ k])+ xx* yy
* (byte)(srcValues[(Fi1+ 1)* srcBmData.Stride+ 3* (Fj1+ 1)]));
                }
                else
                {
                    dstValues[i* dstBmData.Stride+ 3* j+ 2]= 0;
                    dstValues[i* dstBmData.Stride+ 3* j+ 1]= 0;
                    dstValues[i* dstBmData.Stride+ 3* j]= 0;
                }
            }
        }
        //将更改过的 byte[]拷贝到原图
        System. Runtime. InteropServices. Marshal. Copy (dstValues, 0,
dstPtr, dst_bytes);

        // 解锁位图
        srcBitmap.UnlockBits(srcBmData);
        dstBitmap.UnlockBits(dstBmData);
        return dstBitmap;
}
```

习　题

1. 解释图像直方图的概念,并说明它在图像分析中的作用。

2. 给出一个具体的图像,要求进行灰度线性变换,并解释变换后图像的视觉效果变化。

3. 描述灰度拉伸操作,并提供一个实际应用场景。

4. 解释分段线性变换与灰度线性变换的区别,并给出一个使用分段线性变换改善图像质量的例子。

5. 讨论非线性拉伸在图像增强中的应用,并举例说明其效果。

6. 阐述直方图均衡化的原理,并解释它如何改善图像的对比度。

7. 描述直方图规定化的概念,并说明它与直方图均衡化的区别。

8. 解释图像的空间变换,并提供一个实际的变换例子(如旋转或缩放)。

9. 讨论灰度插值在图像几何变换中的重要性,并解释双线性插值的基本原理。

10. 编写一个简单的程序代码,实现图像的直方图均衡化,并解释代码的逻辑和步骤。(参考 3.6.3 几何变换程序)

◇第四章
图像增强

　　图像增强是数字图像处理的基本内容之一，它通过某种图像处理方法对处理困难的某些图像特征，如边缘、对比度、局部细节等进行处理，以改善图像的视觉效果，提高图像的清晰度，或是突出图像中的有用目标，削弱或去除不需要的信息，以达到扩大图像中不同物体特征之间的差别，将图像转换为更适合人或计算机分析处理的形式。图像增强需要通过某种功能的图像增强算法来实现。图像增强并不能增加原始图像的信息，而是通过某种技术手段有选择地突出人们重点关注的信息。

4.1　图像噪声及噪声处理

　　在图像获取、传输、存储过程中常常会受到各种噪声的干扰，从而影响图像的质量。数字图像的质量又直接关系到后续图像处理的效果，如图像分割、目标识别、边缘处理等。所以为了获得高质量数字图像，有必要对图像进行降噪处理，尽可能地保持原始信息完整性的同时，又能够去除信号中无用的信息。图像去噪的最终目的是改善给定的图像，解决由于噪声干扰而导致图像质量下降的问题。

　　噪声是指图像中的非本源信息。因此，噪声会影响人的感官对所接收的信源信息的准确理解。噪声可以理解为"妨碍人们感觉器官对所接收的信源信息理解的因素"，而图像中各种妨碍人们对其信息接收的因素即可称为图像噪声。噪声在理论上可以定义为"不可预测，只能用概率统计方法来认识的随机误差"。因此将图像噪声看成是多维随机过程是合适的，因而描述噪声的方法完全可以借用随机过程的描述，即用其概率分布函数和概率密度分布函数。

4.1.1　图像噪声分类

在图像形成过程中,图像数字化设备、电气系统和外界影响使得图像噪声的产生不可避免。其中外部噪声是指系统外部干扰以电磁波或经电源串进系统内部而引起的噪声,如电气设备,天体放电现象等引起的噪声。而内部噪声一般又可分为以下四种:

(1)由光和电的基本性质所引起的噪声。如电流的产生是由电子或空穴粒子的集合,定向运动所形成。因这些粒子运动的随机性而形成的散粒噪声;导体中自由电子的无规则热运动所形成的热噪声;根据光的粒子性,图像是由光量子所传输,而光量子密度随时间和空间变化所形成的光量子噪声等。

(2)电器的机械运动产生的噪声。如各种接头因抖动引起电流变化所产生的噪声;磁头、磁带等抖动或一起的抖动等。

(3)器材材料本身引起的噪声。如正片和负片的表面颗粒性和磁带磁盘表面缺陷所产生的噪声。随着材料科学的发展,这些噪声有望不断减少,但在目前来讲,还是不可避免的。

(4)系统内部设备电路所引起的噪声。如电源引入的交流噪声;偏转系统和钳位电路所引起的噪声等。

4.1.2　图像噪声模型

图像增强处理中,从图像噪声处理的角度将图像噪声分成以下噪声模型:

1)高斯噪声

高斯噪声是一种源于电子电路噪声和由低照明度或高温带来的传感器噪声。高斯噪声也称为正态噪声。高斯噪声可以通过空域滤波的平滑或图像修复技术来消除。

$$p(z) = \frac{1}{\sqrt{2\pi}\sigma} e^{-\frac{(z-\mu)^2}{2\sigma^2}} \tag{4.1}$$

式中随机变量 z 表示灰度值, μ 为噪声的期望, σ 为噪声的标准差, σ^2 为噪声的方差。

2)椒盐噪声

椒盐噪声又称为双极脉冲噪声,其概率密度函数为:

$$p(z) = \begin{cases} P_a & z = a \\ P_b & z = b \\ 1 - P_a - P_b & 其他 \end{cases} \tag{4.2}$$

椒盐噪声是指在图像中出现的噪声只有两种灰度值,分别为 a 和 b,噪声的均值和方差分别为: $m = aP_a + bP_b$, $\sigma^2 = (a-m)^2 \cdot P_a + (b-m)^2 \cdot P_b$,通常情况下脉冲噪声总是数字化为允许的最大值和最小值,所以,负脉冲以黑色(胡椒点)出现在图像中,正脉冲以白点(盐点)出现在图像中,去除椒盐噪声的较好办法是中值滤波。

3）均匀分布噪声

均匀分布噪声的概率密度函数为:

$$p(z) = \begin{cases} \dfrac{1}{b-a} & a \leqslant z \leqslant b \\ 0 & 其他 \end{cases} \tag{4.3}$$

均匀分布噪声的均值和方差分别为: $m = (a+b)/2$; $\sigma^2 = (b-a)^2/12$。

4）指数分布噪声

指数分布噪声的概率密度函数为:

$$p(z) = \begin{cases} a\,\mathrm{e}^{-az} & z \geqslant 0 \\ 0 & z < 0 \end{cases} \tag{4.4}$$

指数分布噪声的期望和方差为: $m = 1/a$; $\sigma^2 = 1/a^2$。

5）伽马分布噪声

伽马分布噪声的概率密度函数为:

$$p(z) = \begin{cases} \dfrac{a^b z^{b-1}}{(b-1)!} & z \geqslant a \\ 0 & z < a \end{cases} \tag{4.5}$$

伽马分布噪声的期望和方差为: $m = b/a$; $\sigma^2 = b/a^2$。

6）瑞利噪声

瑞利噪声的概率密度函数为:

$$p(z)=\begin{cases}\dfrac{2}{b}(z-a)\mathrm{e}^{-\frac{(z-a)^2}{b}} & z\geqslant a \\[2mm] 0 & z<a\end{cases} \tag{4.6}$$

瑞利噪声的期望和方差为：$m=a+\sqrt{\dfrac{\pi b}{4}}$；$\sigma^2=b(4-\pi)/4$。

7）周期噪声

比如空间域图像受到正弦波信号干扰。

4.1.3　数字图像中加入噪声

以常见的高斯噪声和椒盐噪声为例。

1）图像加入高斯噪声

高斯分布的概率密度函数有两个重要的参数：均值 μ 和方差 σ^2，整个曲线关于 $x=\mu$ 对称。高斯噪声其实就是加噪声，给图像添加高斯噪声，我们可以生成一个和原图像一样尺寸大小的噪声矩阵，然后再直接和原图像相加，最后再对赋值进行一定范围内的裁剪，将范围图片像素值范围限定在 $[0,255]$ 范围内。

```
addGaussianNoise(img,img2,0,1);//添加高斯噪声(均值= 0,方差= 1)
double GenerateGaussianNoise(double mu, double sigma)
{
    //定义一个特别小的值
    const double epsilon= numeric_limits< double> ::min();//返回目标数
//据类型能表示的最逼近 1 的正数和 1 的差的绝对值
    static double z0, z1;
    static bool flag= false;
    flag= ! flag;
    //flag 为假,构造高斯随机变量
    if(! flag)
        return z1* sigma+ mu;
    double u1, u2;
    //构造随机变量
    do
    {
        u1= rand()* (1.0 / RAND_MAX);
        u2= rand()* (1.0 / RAND_MAX);
    } while (u1 < = epsilon);
    //flag 为真,构造高斯随机变量
    z0= sqrt(- 2.0* log(u1))* cos(2* CV_PI* u2);
```

```
    z1= sqrt(- 2.0* log(u1))* sin(2* CV_PI* u2);
    return z1* sigma+ mu;
}
```

2）图像加入椒盐噪声

添加椒盐噪声的方法如下：

```
int[,]addSaltNoise(srcMat, 300);//添加椒盐噪声,300 是指噪声点数量
void addSaltNoise(const Mat &srcImage, Mat &dstImage, int n)
{
    dstImage= srcImage.clone();
    for (int k= 0; k< n; k+ + )
    {
        int height= srcMat.GetLength(0);
        int wide= srcMat.GetLength(1);
        int[,] result= new int[height, wide];
          for (int i= 0; i < = height- 1; i+ + )
            {
              for (int j= 0; j < = wide- 1;j+ + )
                  {
                      result[i, j]= srcMat [i, j]);
                  }
            }
    }
for (int k= 0; k< n; k+ + )
    {
        //随机取值行列
        int i= rand() % dstImage.rows;
        int j= rand() % dstImage.cols;
        //图像通道判定
            Result[i, j]= 0;
    }
for (int k= 0; k< n; k+ + )
    {
        //随机取值行列
        int i= rand() % dstImage.rows;
        int j= rand() % dstImage.cols;
        //图像通道判定
            Result[i, j]= 255;
    }
}
```

图像增强可以分为两类：空间域法和频率域法（图 4.1）。空间域可以简单地理解为包含图像像素的空间，直接对图像进行各种线性或非线性运算，也就是对图像的像素灰度值做增强处理。频域法则是在图像的变换域中把图像看成一种二维信号，对其

进行基于二维傅里叶变换的信号增强。

空间域法又分为灰度变换和空间域滤波两大类。灰度变换是作用于单个像素邻域的处理方法，包括图像灰度变换、直方图修正、伪彩色增强技术；空间域滤波是作用于像素领域的处理方法，包括图像平滑、图像锐化等技术。

频率域法常用的方法包括低通滤波、高通滤波以及带通、带阻滤波等。

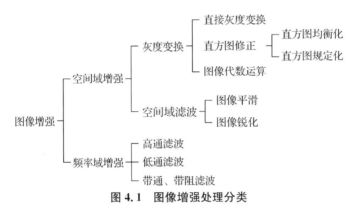

图 4.1　图像增强处理分类

4.2　空间域图像增强

空间域滤波是基于邻域处理的增强方法，它应用某一模板对每个像元与其周围邻域的所有像元进行某种数学运算得到该像元的新的灰度值，新的灰度值的大小不仅与该像元的灰度值有关，而且还与其邻域内的像元的灰度值有关。

4.2.1　图像平滑

图像平滑是消除图像噪声、降低图像清晰度的常用方法，图像在传输过程中，由于传输信道、采样系统质量较差，或受各种干扰的影响，而造成图像毛糙，此时，就需对图像进行平滑处理。平滑滤波对图像的低频分量进行增强，同时可以削弱图像的高频分量，因此一般用于消除图像中的随机噪声，从而起到图像平滑的作用。常用的图像平滑方法包括均值滤波、中值滤波和高斯滤波。

1）均值滤波

均值滤波是典型的线性滤波算法，它首先设计一个二维模板，大小为 3×3、5×5 或更大范围，将模板中心在图像上滑动。当滑动到某个像素时，对模板覆盖范围内的全体像素求平均值，用该平均值代替模板中心原来像素值。该算法类似于用图的权矩阵对原图像进行卷积计算。

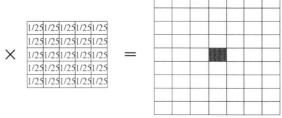

图 4.2　均值滤波计算

均值滤波本身存在着固有的缺陷,即它不能很好地保护图像细节,在图像去噪的同时又破坏了图像的细节部分,从而使图像变得模糊,不能很好地去除噪声点。

2）中值滤波

中值滤波法是一种非线性平滑技术,它首先设计一个二维模板,大小为 3×3、5×5 或更大范围,将模板中心在图像上滑动。当滑动到某个像素时,对模板覆盖范围内的全体像素求中位数,用该中位数代替模板中心原来像素值。中值滤波是基于排序统计理论的一种能有效抑制噪声的非线性信号处理技术,中值滤波的基本原理是把数字图像或数字序列中一点的值用该点的一个邻域中各点值的中值代替,让周围的像素值接近真实值,从而消除孤立的噪声点。

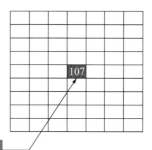

图 4.3　中值滤波计算

3）高斯滤波

高斯滤波是一种线性平滑滤波,适用于消除高斯噪声,广泛应用于图像处理的减噪过程。它首先利用式(4.7)计算出一个二维模板,大小为 3×3、5×5 或更大范围,然后将模板中心在图像上滑动。当滑动到某个像素时,对模板覆盖范围内的全体像素与模板求卷积,用该位置的卷积值代替模板中心原来像素值,见图 4.4。通俗地讲,高斯滤波就是对整幅图像进行加权平均的过程,每一个像素点的值,都由其本身和邻域内的其他像素值经过加权平均后得到。

$$g(x,y)=\frac{1}{\sqrt{2\pi\sigma^2}}e^{-\frac{(x-x_0)^2+(y-y_0)^2}{2\sigma^2}} \tag{4.7}$$

高斯平滑滤波器对于抑制服从正态分布的噪声非常有效。

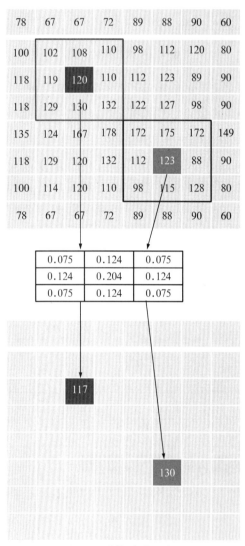

图 4.4　高斯滤波示意图

　　图 4.5 是在 $\sigma=2.0$ 条件下利用公式(4.7)计算出的 3×3、5×5、7×7 的高斯滤波矩阵。在图像处理等信号分析中具有广泛的应用。

```
0.1019  0.1154  0.1019
0.1154  0.1308  0.1154        3×3高斯核(σ=2.0)
0.1019  0.1154  0.1019


0.0232  0.0338  0.0383  0.0338  0.0232
0.0338  0.0492  0.0558  0.0492  0.0338
0.0383  0.0558  0.0632  0.0558  0.0383    5×5高斯核(σ=2.0)
0.0338  0.0492  0.0558  0.0492  0.0338
0.0232  0.0338  0.0383  0.0338  0.0232


0.0049  0.0092  0.0134  0.0152  0.0134  0.0092  0.0049
0.0092  0.0172  0.025   0.0283  0.025   0.0172  0.0092
0.0134  0.025   0.0364  0.0412  0.0364  0.025   0.0134
0.0152  0.0283  0.0412  0.0467  0.0412  0.0283  0.0152    7×7高斯核(σ=2.0)
0.0134  0.025   0.0364  0.0412  0.0364  0.025   0.0134
0.0092  0.0172  0.025   0.0283  0.025   0.0172  0.0092
0.0049  0.0092  0.0134  0.0152  0.0134  0.0092  0.0049
```

图 4.5　二维高斯滤波器($\sigma=2.0$)

4.2.2　图像锐化

图像锐化(Image Sharpening)是突出图像的轮廓,增强图像的边缘及灰度跳变的部分,使图像变得清晰,分为空间域处理和频域处理两类。图像锐化是为了突出图像上地物的边缘、轮廓,或某些线性目标要素的特征。这种滤波方法提高了地物边缘与周围像元之间的反差,因此也被称为边缘增强。

1）微分运算

在数学上对于离散的数据,使用差分来定义一元函数的一阶微分,公式如(4.8):

$$\begin{cases} \dfrac{\partial f}{\partial x} = f(x+1) - f(x) \\[2mm] \dfrac{\partial f}{\partial y} = f(y+1) - f(y) \end{cases} \tag{4.8}$$

再用差分定义一元函数的二阶微分,则公式如(4.9):

$$\begin{cases} \dfrac{\partial^2 f}{\partial x^2} = f(x+1) + f(x-1) - 2f(x) \\[2mm] \dfrac{\partial^2 f}{\partial y^2} = f(y+1) + f(y-1) - 2f(y) \end{cases} \tag{4.9}$$

2）梯度运算

图像梯度的计算,首先要计算图像沿 x、y 两个方向的微分。

$$\nabla f = \left[\frac{\partial f}{\partial x}, \frac{\partial f}{\partial y}\right] \tag{4.10}$$

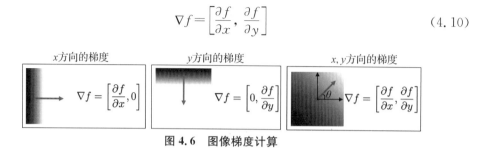

图 4.6　图像梯度计算

然后进一步计算该像素点的梯度及梯度的方向。

$$\parallel \nabla \parallel = \sqrt{\left(\frac{\partial f}{\partial x}\right)^2 + \left(\frac{\partial f}{\partial y}\right)^2} \tag{4.11}$$

$$\theta = \arctan\left(\frac{\frac{\partial f}{\partial y}}{\frac{\partial f}{\partial x}}\right) \tag{4.12}$$

3）Roberts 交叉微分算子

Roberts 算子,又称罗伯茨算子,采用对角线方向相邻两像素之差来计算梯度,计算公式见式(4.13)。

$$\boldsymbol{G}_x = \begin{bmatrix} -1 & 0 \\ 0 & 1 \end{bmatrix} \qquad \boldsymbol{G}_y = \begin{bmatrix} 0 & -1 \\ 1 & 0 \end{bmatrix} \tag{4.13}$$

4）Sobel 算子

Sobel 算子,又称索贝尔算子,它是根据像素点的位置进行了加权计算。公式(4.14)为水平方向和垂直方向的梯度计算公式。

$$\boldsymbol{G}_x = \begin{bmatrix} -1 & 0 & 1 \\ -2 & 0 & 2 \\ -1 & 0 & 1 \end{bmatrix} \qquad \boldsymbol{G}_y = \begin{bmatrix} -1 & -2 & -1 \\ 0 & 0 & 0 \\ 1 & 2 & 1 \end{bmatrix} \tag{4.14}$$

5）Prewitt 算子

Prewitt 算子,与 Sobel 算子相似,区别在于各点的差分等权计算,公式(4.15)为水平方向和垂直方向的梯度计算公式。

$$\boldsymbol{G}_x = \begin{bmatrix} -1 & 0 & 1 \\ -1 & 0 & 1 \\ -1 & 0 & 1 \end{bmatrix} \qquad \boldsymbol{G}_y = \begin{bmatrix} -1 & -1 & -1 \\ 0 & 0 & 0 \\ 1 & 1 & 1 \end{bmatrix} \tag{4.15}$$

6）Laplace（二次微分）算子

Laplace 算子，又称拉普拉斯算子，它是通过像素点的二阶差分公式计算得到该点的精度。

Laplace 的二阶微分公式见式（4.16）和式（4.17）。

$$\begin{cases} \dfrac{\partial^2 f}{\partial x^2} = f(x+1,y) + f(x-1,y) - 2f(x,y) \\ \dfrac{\partial^2 f}{\partial y^2} = f(x,y+1) + f(x,y-1) - 2f(x,y) \end{cases} \tag{4.16}$$

$$\nabla^2 f(x,y) = f(x+1,y) + f(x-1,y) + f(x,y+1) + f(x,y-1) - 4f(x,y) \tag{4.17}$$

用矩阵表示为式（4.18）。

$$\boldsymbol{G}_{\text{Laplace}} = \begin{bmatrix} 0 & -1 & 0 \\ -1 & 4 & -1 \\ 0 & -1 & 0 \end{bmatrix} \qquad 或 \qquad \boldsymbol{G}_{\text{Laplace}} = \begin{bmatrix} -1 & -1 & -1 \\ -1 & 8 & -1 \\ -1 & -1 & -1 \end{bmatrix} \tag{4.18}$$

4.3 彩色图像增强

4.3.1 颜色模型

颜色模型指的是某个三维颜色空间中的一个可见光子集，它包含某个色彩域的所有色彩。一般而言，任何一个色彩域都只是可见光的子集，任何一个颜色模型都无法包含所有的可见光。常见的颜色模型有 RGB CIECMY/CMYK、HSI NTSC、YcbCr、HSV 等。

1）RGB 模型

RGB(Red，Green，Blue)颜色模型通常使用于彩色阴极射线管等彩色光栅图形显示设备中，彩色光栅图形的显示器都使用 R、G、B 数值来驱动 R、G、B 电子枪发射电子，并分别激发荧光屏上的 R、G、B 三种颜色的荧光粉发出不同亮度的光线，并通过相加混合产生各种颜色；扫描仪也是通过吸收原稿经反射或透射而发送来的光线中的 R、G、B 成分，并用它来表示原稿的颜色。

　　RGB 颜色模型称为与设备相关的颜色模型，RGB 颜色模型所覆盖的颜色域取决于显示设备荧光点的颜色特性，是与硬件相关的。它是我们使用最多，最熟悉的颜色模型。它采用三维直角坐标系。红、绿、蓝原色是加性原色，各个原色混合在一起可以产生复合色，如图 4.7(a)所示。RGB 颜色模型通常采用如图 4.7(b)所示的单位立方体来表示。在正方体的主对角线上，各原色的强度相等，产生由暗到明的白色，也就是不同的灰度值。(0,0,0)为黑色，(1,1,1)为白色。正方体的其他六个角点分别为红、黄、绿、青、蓝和紫。

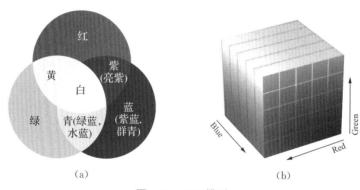

图 4.7　RGB 模型

2）HSI

　　HSI 色彩空间是从人的视觉系统出发，用色调(Hue)、饱和度(Saturation)和亮度 (Intensity)来描述色彩。HSI 色彩空间可以用一个圆锥空间模型来描述。用这种描述 HSI 色彩空间的圆锥模型相当复杂，但却能把色调、亮度和饱和度的变化情形表现得很清楚。通常把色调和饱和度通称为色度，用来表示颜色的类别与深浅程度。

　　由于人的视觉对亮度的敏感程度远强于对颜色浓淡的敏感程度，为了便于色彩处理和识别，人的视觉系统经常采用 HSI 色彩空间，它比 RGB 色彩空间更符合人的视觉特性。在图像处理和计算机视觉中大量算法都可在 HSI 色彩空间中方便地使用，它们可以分开处理而且是相互独立的。因此，在 HSI 色彩空间可以大大简化图像分析和处理的工作量。HSI 色彩空间和 RGB 色彩空间只是同一物理量的不同表示法，因而它们之间存在着转换关系。

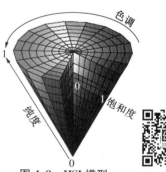

图 4.8　HSI 模型

　　(1) RGB 模型转换为 HSI 模型的公式见式(4.19)。

$$\begin{cases} I = \frac{1}{3}(R+G+B) \\ S = 1 - \frac{3}{R+G+B}\big[\min(R,G,B)\big] \\ H = \arccos\left\{\frac{\big[(R-G)+(R-B)\big]/2}{\sqrt{(R-G)^2+(R-B)(G-B)}}\right\} \end{cases} \tag{4.19}$$

（2）HSI 模型转换为 RGB 模型的公式随 H 值的不同而不同,当 $0°\leqslant H<120°$ 时,计算公式见式(4.20)。

$$\begin{cases} B = I(1-S) \\ R = I\left[1+\frac{S\cos H}{\cos(60°-H)}\right] \\ G = 3I-(R+B) \end{cases} \tag{4.20}$$

当 $120°\leqslant H<240°$ 时,计算公式见式(4.21)。

$$\begin{cases} H = H-120° \\ R = I(1-S) \\ G = I\left[1+\frac{S\cos H}{\cos(60°-H)}\right] \\ B = 3I-(R+G) \end{cases} \tag{4.21}$$

当 $240°\leqslant H<360°$ 时,计算公式见式(4.22)。

$$\begin{cases} H = H-240° \\ G = I(1-S) \\ B = I\left[1+\frac{S\cos H}{\cos(60°-H)}\right] \\ R = 3I-(G+B) \end{cases} \tag{4.22}$$

3）YUV

在现代彩色电视系统中,通常采用三管彩色摄像机或彩色 CCD(点耦合器件)摄像机,它把摄得的彩色图像信号,经分色、分别放大校正得到 RGB,再经过矩阵变换电路得到亮度信号 Y 和两个色差信号 $R-Y$、$B-Y$,最后发送端将亮度和色差三个信号分别进行编码,用同一信道发送出去。这就是我们常用的 YUV 色彩空间。采用 YUV 色彩空间的重要性是它的亮度信号 Y 和色度信号 U、V 是分离的。如果只有 Y 信号分量而没有 U、V 分量,那么这样表示的图就是黑白灰度图。彩色电视采用

YUV 空间正是为了用亮度信号 Y 解决彩色电视机与黑白电视机的兼容问题,使黑白电视机也能接收彩色信号。YUV 空间与 RGB 模型的转换公式见式(4.23)和式(4.24).

$$\begin{bmatrix} Y \\ U \\ V \end{bmatrix} = \begin{bmatrix} 0.299 & 0.587 & 0.114 \\ -0.148 & -0.289 & -0.437 \\ 0.615 & 0.515 & -0.100 \end{bmatrix} \begin{bmatrix} R \\ G \\ B \end{bmatrix} \tag{4.23}$$

$$\begin{bmatrix} R \\ G \\ B \end{bmatrix} = \begin{bmatrix} 1 & 0 & 1.140 \\ 1 & -0.395 & -0.581 \\ 1 & 2.032 & 0 \end{bmatrix} \begin{bmatrix} Y \\ U \\ V \end{bmatrix} \tag{4.24}$$

4)CMYK

CMYK(Cyan, Magenta, Yellow, Key plate)颜色空间应用于印刷业,印刷业通过青(C)、品(M)、黄(Y)三原色油墨的不同网点面积率的叠印来表现丰富多彩的颜色和阶调,这便是三原色的 CMY 颜色空间。实际印刷中,一般采用青(C)、品(M)、黄(Y)、黑(BK)四色印刷,在印刷过程中调至暗调增加黑版。CMYK 颜色空间是和设备或者是印刷过程相关的,如工艺方法、油墨的特性、纸张的特性等,不同的条件有不同的印刷结果,所以 CMYK 颜色空间称为与设备有关的表色空间。

而且,CMYK 具有多值性,也就是说对同一种具有相同绝对色度的颜色,在相同的印刷过程前提下,可以用多种 CMYK 数字组合来表示和印刷出来。这种特性给颜色管理带来了很多麻烦,同样也给控制带来了很多的灵活性。

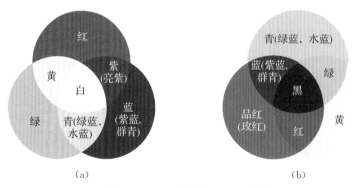

(a)   (b)

图 4.9 RGB 模型与 CMYK 模型

4.3.2　彩色图像增强类型

1）真彩色增强

彩色图像比灰度图像包含更多的信息,无论是人们的视觉感受,还是后续对图像的理解与分析,彩色图像都具有灰度图像无可比拟的优越性。

（1）将原始彩色图像从红、绿、蓝 RGB 空间转换到色调、饱和度、亮度 HSI 空间;

（2）保持色调 H 分量不变,对亮度 I 采用均值和方差方式进行局部增强,根据饱和度 S 和亮度 I 的关系,对饱和度 S 进行变化;

（3）将经过处理后的图像从 HSI 空间转换到 RGB 空间。

2）假彩色增强

假彩色增强则是对一幅彩色图像进行处理得到与原图像不同的彩色图像或对多幅灰度图像辅以不同的颜色得到的彩色图像。

3）伪彩色增强

伪彩色增强是对一幅灰度图像经过三种变换得到三幅图像,进行彩色合成得到一幅彩色图像;利用了人眼对彩色的分辨能力高于灰度分辨能力的特点,将目标用人眼敏感的颜色表示。

习　　题

1. 区分并列举三种不同类型的图像噪声及其特点。
2. 解释什么是图像噪声模型,并给出一个简单的高斯噪声模型公式。
3. 如何使用编程在一幅数字图像中人为加入椒盐噪声?
4. 实现一个简单的图像平滑算法,以减少图像噪声。
5. 描述图像锐化的概念,并给出一个简单的锐化算法步骤。
6. 解释 RGB 颜色模型的基本原理,并说明如何通过调整 RGB 值来改变颜色。
7. 列举并简要描述三种彩色图像增强技术。
8. 选择一幅具有明显噪声的图像,应用图像平滑和锐化技术,并比较处理前后的效果。

◇第五章
图像分割

图像分割指图像分成各具特性的区域并提取出感兴趣目标的技术和过程,它是由图像处理到图像分析的关键步骤,是一种基本的计算机视觉技术。只有在图像分割的基础上才能对目标进行特征提取和参数测量,使得更高层的图像分析和理解成为可能。因此对图像分割方法的研究具有十分重要的意义。图像分割技术的研究已有几十年的历史,但至今人们并不能找到通用的方法适合于所有类型的图像。图像分割主要用于图像描述和分析,是图像处理到图像分析的关键步骤,也是进一步理解图像的基础。图像分割通常是为了进一步对图像进行分析、识别、跟踪、理解、压缩编码等,分割的准确性直接影响后续任务的有效性,因此具有十分重要的意义。关于图像分割技术,已经有相当多的研究结果和方法。

连通是图像分割离不开的概念,它指集合中任意两个点之间都存在着完全属于该集合的连通路径;对于离散图像而言,连通有 4 连通和 8 连通之分,如图所示。

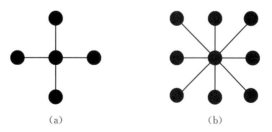

(a)   (b)

图 5.1 4 连通和 8 连通

4 连通指的是从区域上一点出发,可通过 4 个方向,即上、下、左、右移动的组合,在不越出区域的前提下,到达区域内的任意像素;

8 连通指的是从区域上一点出发,可通过左、右、上、下、左上、右上、左下、右下这 8 个方向的移动组合来到达区域内的任意像素。

图像分割的方法大体分为以下三种：基于阈值的分割、基于边缘的分割和基于区域的分割。

5.1 基于阈值的图像分割

阈值分割就是简单地用一个或几个阈值将图像的灰度直方图分成两类或几个类，认为图像中灰度值在同一个灰度类内的像素属于同一个物体。阈值分割法主要有两个步骤：第一，确定进行分割的阈值；第二，将图像的所有像素的灰度值与阈值进行比较，以进行区域划分，达到目标与背景分离的目的。在这一过程中，正确确定阈值是关键，只要能确定一个合适的阈值就可以完成图像的准确分割。

1) 固定阈值分割

常用的阈值化处理就是图像的二值化处理，即选择一阈值，将图像转换为黑白二值图像，用于图像分割及边缘跟踪等预处理。不同阈值对阈值化处理的影响如图 5.2 所示。图像阈值化处理的变换函数表达式为：

$$g(x,y) = \begin{cases} 0 & f(x,y) < T \\ 255 & f(x,y) \geqslant T \end{cases} \tag{5.1}$$

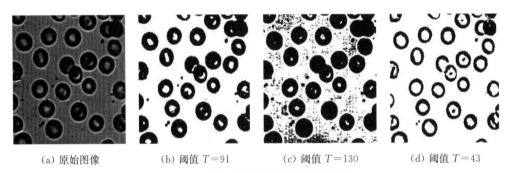

(a) 原始图像   (b) 阈值 $T=91$ (c) 阈值 $T=130$ (d) 阈值 $T=43$

图 5.2　不同阈值对阈值化结果的影响

2) 双峰直方图

双峰直方图具有双峰特性，图像中的目标(细胞)分布在较暗的灰度级上形成一个波峰，图像中的背景分布在较亮的灰度级上形成另一个波峰。以双峰之间的谷底处灰度值作为阈值 T 进行图像的阈值化处理，便可将目标和背景分割开来。直方图双峰特性如图 5.3 所示。

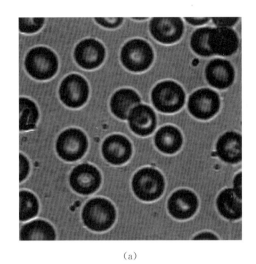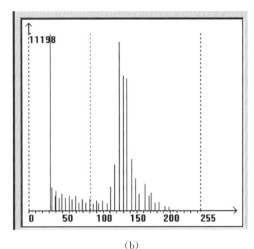

（a）　　　　　　　　　　　　　　　　（b）

图 5.3　图像直方图的双峰特性

3）迭代阈值图像分割

迭代阈值图像分割的步骤如下：

① 初始阈值 μ；

② 分成两个区域分别计算平均灰度 μ_1 和 μ_2；

③ 以平均灰度的平均值为新阈值 $\mu' = \dfrac{\mu_1 + \mu_2}{2}\mu_1$；

④ 重复步骤②③，直到新阈值 μ' 与上一次阈值 μ 相等。

4）Otsu 法（最大类间方差法）

最大类间方差法是一种自适合于双峰情况的自动求取阈值的方法，又叫大津法，简称 Otsu。它是按图像的灰度特性，将图像分成背景和目标两部分。背景和目标之间的类间方差越大，说明构成图像的两个部分的差别越大，当部分目标错分为背景或部分背景错分为目标都会导致两部分差别变小。因此，使类间方差最大的分割意味着错分概率最小。

$$\sigma^2 = n_1 n_2 (\mu_1 - \mu_2)^2 \tag{5.2}$$

计算过程如下：

• 计算图像的直方图和统计直方图。

• 循环计算以每一个像素值为阈值时的类间方差。

• 分类间方差最小时的像素值就是阈值 T。

5） k-均值聚类（k-Means）

k-均值聚类算法（k-Means Clustering Algorithm）是一种迭代求解的聚类分析算法，k-均值聚类是基于样本集合划分的聚类算法，它将样本集合划分为 k 个子集，即 k 个类别，样本集合中的每个样本到其所属类别的中心距离最小，且其只能属于一个类别，所以 k-均值聚类是硬聚类。

k-均值聚类算法步骤：

① 将数据预分为 k 组，随机选取 k 个初始聚类中心；

② 计算每个像素值与各聚类中心之间的距离，把它分配给距离最近的类；

③ 计算各类新的聚类的均值，作为迭代中的聚类中心；

④ 重复以上第②③步，直到聚类中心不发生变化，即误差平方和局部最小。

6） ISODATA 聚类法

ISODATA 算法是在 k-均值算法的基础上，增加对聚类结果的"合并"和"分裂"两个操作，并设定算法运行控制参数的一种聚类算法。ISODATA 可以在聚类过程中自动调整类别个数和类别中心，使聚类结果能更加靠近客观真实的聚类结果。避免了 k-均值算法事先很难确定待分类的集合（样本）中到底有多少类别这一缺点。

ISODATA 算法的基本步骤：

（1）参数设置

需要设置的参数包括：

nc：初始聚类中心个数；

c：预期的聚类个数；

tn：每一类中允许的样本最少数目（少于该数目的聚类可能会被删除）；

te：类内相对标准差上限（超过该上限的聚类可能会被分裂）；

tc：聚类中心点之间的最小距离；

nt：每次迭代中最多可以合并的次数；

ns：最多迭代次数。

（2）初始化

• 在所有样本中，随机选取 nc 个不重复样本作为聚类中心，之后根据距离最小法判断所有样本属于哪一种聚类。

• 对第一次初始化后的聚类，检测是否符合 tn 条件，样本数目小于 tn 的类别被取消，重新根据上一步的距离最小法进行分配。

（3）计算分类后的聚类参数,包含以下参数:

- 聚类中心;
- 各类中样本到聚类中心的平均距离;
- 各个样本到其所属类别中心的总体平均距离。

（4）根据当前的状态选择下一步的行为,进行分裂、合并或停止

- 若迭代次数达到要求,则停止;
- 若当前聚类数量小于期望数量的一半,则进行分裂检测,判断当前是否需要分裂,若需要则执行分裂行为;
- 若聚类数量大于期望数量的两倍,则进行合并检测,判断是否需要合并,若需要则执行合并行为;
- 若聚类数量在期望聚类数量的 1/2 到 2 倍之间,奇数次迭代则执行分裂检测,偶数次迭代则进行合并检测。

（5）分裂检测步骤

- 在类内标准差最大的维度上分裂聚类中心点;
- 利用距离最小法将当前聚类的样本点分配到两个聚类中;
- 更新平均距离等聚类参数。

（6）合并检测步骤

- 计算聚类中心两两之间的距离,距离小于 tc 的聚类对,按照距离越小优先级越大的原则进行合并;
- 合并的总次数小于设定值,且一次迭代中一个聚类只能被合并一次;
- 更新聚类参数。

5.2　基于边缘的图像分割

边缘检测是一种基于图像灰度突变和不连续性来分割图像的方法。检测这种灰度突变和不连续性需要依靠滤波器来实现。这种滤波器就是图像增强中用到的图像锐化滤波器。

除了在第四章中介绍的 Robert、Sobel、Prewitt、Laplace 算子通过图像锐化操作来突出边缘以外,人们还专门研究了专门用来提取图像边缘的算子,高斯-拉普拉斯算子(LoG)算子和 Canny 算子。

5.2.1　高斯-拉普拉斯算子

微分运算对噪声有放大作用,造成前面的算子存在较大误差。解决方法:一是对图像进行平滑;二是局部线性拟合,以光滑函数的导数代替数值积分。

$$g(x) = f(x) * h(x) \tag{5.3}$$

$$\frac{\mathrm{d}g(x)}{\mathrm{d}x} = \frac{\mathrm{d}[f(x) * h(x)]}{\mathrm{d}x} = f(x) * \frac{\mathrm{d}h(x)}{\mathrm{d}x} \tag{5.4}$$

图像平滑需设计一个平滑滤波器(起到平滑图像作用);同时,对其进行微分,起到边缘提取作用。满足的条件:

$$\begin{cases} \lim\limits_{x \to 0} h(x) \to 0, h(x) = h(-x) \\ \int_{-\infty}^{\infty} h(x)\mathrm{d}x = 1 \\ h(x) : 一阶、二阶可微 \end{cases} \tag{5.5}$$

满足条件的函数就是我们常用的平滑滤波函数——高斯函数。式(5.6)是一维的高斯函数及其一阶和二阶导数公式。

$$\begin{cases} h(x) = \frac{1}{\sqrt{2\pi}\sigma} \mathrm{e}^{-\frac{x^2}{2\sigma^2}} \\ h'(x) = -\frac{x}{\sqrt{2\pi}\sigma^3} \mathrm{e}^{-\frac{x^2}{2\sigma^2}} \\ h''(x) = \left(\frac{x^2}{\sigma^2} - 1\right)\frac{x}{\sqrt{2\pi}\sigma^4} \mathrm{e}^{-\frac{x^2}{2\sigma^2}} \end{cases} \tag{5.6}$$

在图像处理中,常常需要用式(5.7)的二维高斯函数,它是图像处理常用的滤波函数,对它进行求导,可以满足既去除噪声又提取边缘的效果。

$$G(x,y,\sigma) = \frac{1}{2\pi\sigma^2} \mathrm{e}^{-\frac{x^2+y^2}{2\sigma^2}} \tag{5.7}$$

高斯-拉普拉斯算子(LoG,Laplacian of Gaussian)常用于边缘/角点检测。其原理是利用拉普拉斯算子识别图像中灰度值变化速度极大值点,利用高斯函数平滑图像以降低拉普拉斯算子对噪声敏感带来的问题。对二维高斯函数采用拉普拉斯算子:

$$\nabla^2 G(x,y,\sigma) = \frac{\partial^2 G}{\partial x^2} + \frac{\partial^2 G}{\partial y^2} = \frac{1}{2\pi\sigma^2}\left(\frac{x^2+y^2-2\sigma^2}{\sigma^4}\right)\mathrm{e}^{-\frac{x^2+y^2}{2\sigma^2}} \tag{5.8}$$

所以,称为高斯-拉普拉斯(LoG)算子,或高斯-拉普拉斯滤波器,又称为 Marr 算子。

$$\begin{bmatrix} -2 & -4 & -4 & -4 & -2 \\ -4 & 0 & 8 & 0 & -4 \\ -4 & 8 & 24 & 8 & -4 \\ -4 & 0 & 8 & 0 & -4 \\ -2 & -4 & -4 & -4 & -2 \end{bmatrix} \tag{5.9}$$

5.2.2　Canny 算子

Canny 边缘检测是一种多级边缘检测算法,是 John Canny 在 1986 年提出的。该算子最初的提出是为了能够得到一个最优的边缘检测,即:检测到的边缘要尽可能跟实际的边缘接近,并尽可能地多,同时,要尽量降低噪声对边缘检测的干扰。

1）Canny 的实现步骤

- 应用高斯滤波来平滑图像,目的是去除噪声;
- 找寻图像的强度梯度(intensity gradients):大小和方向;
- 用非最大抑制(non-maximum suppression)来删除同方向上的非最大值;
- 用双阈值的方法来决定可能的(潜在的)边界;
- 候选边界跟踪。

2）具体实现

(1) 选用一个大小为$(2k+1)\times(2k+1)$的高斯滤波器核(核一般都是奇数尺寸的),其生成方程式为:

$$H_{ij}=\frac{1}{2\pi\sigma^2}\mathrm{e}^{-\frac{(i-k-1)^2+(j-k-1)^2}{2\sigma^2}} \tag{5.10}$$

式中,$1\leqslant i,j\leqslant 2k+1$。

(2) 计算梯度大小和方向

梯度的计算分为大小和方向,首先需要求出各个方向上的梯度,然后求平方根和切线。以下是 x、y 方向上梯度的计算方式:

$$\begin{cases} \dfrac{\partial I(x,y)}{\partial x}=\dfrac{I(x+1,j)-I(x-1,j)}{2} \\ \dfrac{\partial I(x,y)}{\partial y}=\dfrac{I(x,j+1)-I(x,j-1)}{2} \end{cases} \tag{5.11}$$

（3）非极大抑制

用 Sobel 算子等边缘检测方法，计算出来的边缘太粗，原本的一条边用几条几乎重叠的边所代替了，导致视觉上看起来边界很粗。非极大抑制是一种瘦边经典算法。它抑制那些梯度不够大的像素点，只保留最大的梯度，从而达到瘦边的目的。非极大抑制思想如下：

① 将其梯度方向近似为以下值中的一个 $[0°,45°,90°,135°,180°,225°,270°,315°]$（即上下左右和 $45°$ 方向）这一步是为了方便使用梯度；

② 比较该像素点和其梯度方向正负方向的像素点的梯度强度，这里比较的范围一般为像素点的八邻域；

③ 如果该像素点梯度强度最大则保留，否则抑制（删除，即置为 0）；

（4）双阈值（Double Thresholding）

经过非极大抑制后图像中仍然有很多噪声点。Canny 算法中应用了一种叫双阈值的技术。即设定一个阈值上界和阈值下界，图像中的像素点如果大于阈值上界则认为必然是边界（称为强边界，strong edge），小于阈值下界则认为必然不是边界，两者之间的则认为是候选项（称为弱边界，weak edge）。

（5）候选边界跟踪

当弱边界的周围 8 邻域有强边界点存在时，就将该弱边界点变成强边界点，以此来实现对强边界的补充，这也是连点成线的关键，是 Canny 算子的特色之处。

5.3 基于区域的图像分割

基于区域的分割是以直接寻找区域为基础的分割技术，实际上和基于边界的图像分割技术一样，利用了对象与背景灰度分布的相似性。大体上基于区域的图像分割方法可以分为两大类：区域生长法和区域分裂与合并法。

5.3.1 区域生长法

根据一定的准则将像素或子区域聚合成更大区域的过程。区域生长法的关键在于选取合适的生长准则，不同的生长准则会影响区域生长的过程、结果。生长准则可根据不同的原则制定，大部分区域生长准则使用图像的局部性质。

1）基本方法

以一组种子点开始，将与种子性质相似或呈一定变化趋势的领域像素附加到生长区域的每个种子上。

2）种子产生的方法

- 根据所解决问题的性质选择一个或多个起点；
- 若无先验信息，则对每个像素计算相同的特性集，特性集在生长过程中用于将像素归属于某个区域；
- 若这些计算的结果呈现了不同簇的值，则簇中心附近的像素可以作为种子。

3）终止规则

若没有像素满足加入某个区域的条件时，则区域停止生长，终止规则的制定需要先验知识或先验模型。

5.3.2　区域分裂与合并法

区域分裂与合并（Split and Merge）法是一种图像分割算法。它与区域生长法略有相似之处，但无需预先指定种子点，而是按某种一致性准则分裂或者合并区域。区域分裂与合并算法的基本思路类似于微分，即无穷分割，然后将分割后满足相似度准则的区域进行合并。

算法的思想是先把图像分成4块，若其中的一块符合分裂条件，那么这一块再分裂成4块，就这样一直分裂。分裂到一定数量时，以每块为中心，检查相邻的各块，满足一定条件就合并。如此循环往复进行分裂和合并的操作。最后合并为区域，即把一些小块的图像合并到旁边的大块里。运算流程：可以先进行分裂运算，然后再进行合并运算；也可以分裂与合并运算同时进行，经过连续的分裂与合并，最后得到图像的精确分割效果。

具体实现时，分裂与合并算法是基于四叉树数据表示方式进行的（图5.4）。

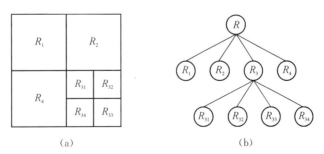

（a）　　　　　　　　　　　　　　　（b）

图5.4　区域分裂与合并

5.3.3 分水岭算法

分水岭算法(Watershed Algorithm)是 Meyer 在 1990 年提出的一种基于拓扑理论的数学形态学的分割方法,其基本思想是把图像看作是测地学上的拓扑地貌,图像中每一点像素的灰度值表示该点的海拔高度,每一个局部极小值及其影响区域称为集水盆,而集水盆的边界则形成分水岭。

1) Watershed 算法原理

任何一幅灰度图像,都可以被看作是地理学上的地形表面,灰度值高的区域可以被看成是山峰,灰度值低的区域可以被看成是山谷。如图 5.5 所示,其中图(a)是原始图像,图(b)是其对应的"地形表面"的地学模拟。

如果我们向每一个山谷中"灌注"不同颜色的水(这里采用了 OpenCV 官网的表述,冈萨雷斯将灌注表述为在山谷中打洞,然后让水穿过洞以均匀的速率上升),那么,随着水位不断地升高,不同山谷的水就会汇集到一起。在这个过程中,为了防止不同山谷的水交汇,我们需要在水流可能汇合的地方构建堤坝。该过程将图像分成两个不同的集合:集水盆地和分水岭线。我们构建的堤坝就是分水岭线,也即对原始图像的分割。这就是分水岭算法。

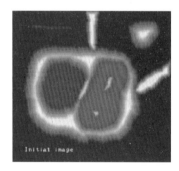

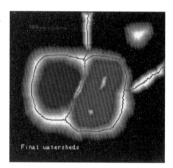

(a) 原始图像　　　　　　　(b) 地学模拟　　　　　　　(c) 分水岭分割

图 5.5　图像分割的分水岭算法

2) 实现步骤

(1) 确定初始参数

根据原始图像,确定初始的底部灰度阈值 T,可以理解为原始地形的水位高度。计算图像各点的梯度值。

(2) 初始连通区域和分水岭确定

对于初始的水位高度阈值 T,逐点进行连通区域运算,统计连通区域的功能有两个：一是标记初始区域；二是根据梯度值找分水岭。

（3）淹没过程

淹没过程从阈值 T 开始，让水位慢慢上升，让它原本的湖慢慢扩张，尽量利用其应有的空间，而又不至于淹没其他的邻居湖泊。

扫描每个初始区域的分水岭的点，按照给定的水位进行扩张。扩张过程是这样的：扫描分水岭的当前点，对其进行四连通邻域逐一检查，如果四连通邻域中有点没有标记，那么先对该点以本区域号做标记；再判断它在当前水位下是否可生长。如果在当前水位下不可生长，则加入这个邻域点的分水岭集合中。如此往复循环，直到对应区域完成某个水位时，扫描所有的区域的分水岭，这样各自同时在一个水位下扩张，保证了不出现跳跃的情况（就是一个水位一个区域全局扩张）。

最终，所有的区域在每个水位都扩张完毕，得到了分割图，需要的大湖泊形成了。

（4）图像滤波的处理

分水岭算法主要的分割目的在于找到图像的连通区域。利用梯度信息作为输入，会有一个矛盾点，如果对原始图像进行梯度计算时不作滤波平滑处理，很容易将物体分割成多个物体，那是因为噪声的影响；而如果进行滤波处理，又容易造成将某些原本几个的物体合成一个物体。当然这里的物体主要还是指图像变化不大或者说是灰度值相近的目标区域。

5.4　本章部分程序代码

```
//灰度图像二值化(人工选取阈值)
public int[,] GrayBW(int[,] a, int t)
{
    int m= a.GetLength(0);
    int n= a.GetLength(1);
    int[,] result= new int[m, n];
    int i, j;
    for (i= 0; i< m; i+ + )
    {
        for (j= 0; j< n;j+ + )
        {
            if (a[i, j]< t) result[i, j]= 0;
            if (a[i, j] > = t) result[i, j]= 255;
        }
    }
    return result;
```

```
    }

    //迭代法阈值分割
    public int[,] threshold(int[,] a)
    {

        int m= a.GetLength(0);
        int n= a.GetLength(1);
        int[,] result= new int[m, n];
        int i, j;
        int T, temp ;
        int[] countPixel= new int[256];
        //计算直方图
        for (i= 0; i< m; i+ + )
        {
            for (j= 0; j< n;j+ + )
            {
                temp= a[i,j];
                countPixel[temp]+ + ;
            }
        }
        double mu1, mu2; //阈值 T 分割成两区域的平均灰度 μ1 和 μ2
        int numerator, denominator;
        int oldT;//初始阈值
        T= oldT= 127;
        do
        {
            oldT= T;
            numerator= denominator= 0;
            for (i= 0; i< T; i+ + )
            {
                numerator + = i* countPixel[i];      // 像素值乘以个数
                denominator + = countPixel[i];        // 个数的累加值
            }
            mu1= numerator / denominator;              //均值 μ1

            numerator= denominator= 0;
            for (i= T; i < = 255; i+ + )
            {
                numerator + = i* countPixel[i];
                denominator + = countPixel[i];
            }
            mu2= numerator / denominator;              //均值 μ2
            T= Convert.ToInt16((mu1+ mu2) / 2);        //计算新的阈值
        } while (T ! = oldT);
```

```
    for (i= 0; i< m; i+ + )
    {
        for (j= 0; j< n;j+ + )
        {
            if (a[i, j]< T) result[i, j]= 0;
            if (a[i, j] > = T) result[i, j]= 255;
        }
    }
    return result;
}//#

//Otsu 法阈值分割
public int[,] OtsuBW(int[,] a)
{
    int m= a.GetLength(0);
    int n= a.GetLength(1);
    int[,] result= new int[m, n];
    int i,j;
    int T= 0;
    int temp= 0;
    int maxGray= 0;
    int minGray= 255;
    int[] countPixel= new int[256];
    for (i= 0; i< m; i+ + )              //得到直方图分布和灰度最大值、最小值
    {
        for( j= 0; j< n; n+ + )
      {
        temp= a[i,j];
        countPixel[temp]+ + ;
        if (temp > maxGray)
        {
            maxGray= temp;
        }
        if (temp < minGray)
        {
            minGray= temp;
        }
      }
    }
double mu1, mu2;
int numerator;
double sigma;
double tempMax= 0;
double w1= 0, w2= 0;
double sum= 0;
```

```
    numerator= 0;
    for( i= minGray; i < = maxGray; i+ + )
    {
        sum + = i* countPixel[i];
    }
    for( i= minGray; i< maxGray; i+ + )
    {
        w1 + = countPixel[i];
        numerator + = i* countPixel[i];
        mu1= numerator / w1;
        w2= m* n- w1;
        mu2= (sum- numerator) / w2;
        sigma= w1* w2* (mu1- mu2)* (mu1- mu2);

        if (sigma > tempMax)
        {
            tempMax= sigma;
            T= i;
        }
    }
for (i= 0; i< m; i+ + )                    //得到直方图分布和灰度最大值最小值
    {
        for( j= 0; j< n; n+ + )
      {
        if (a[i,j]< T)
            result[i,j]= 0;
        else
        result[i,j]= 255;
      }
    }
    return result;
}//#
```

习   题

1. 给定一幅灰度图像,描述如何使用 Otsu 方法自动选择最佳阈值进行图像分割。

2. 解释高斯-拉普拉斯算子在边缘检测中的作用,并说明其与 Canny 算子的区别。

3. 详细描述 Canny 边缘检测算法的四个主要步骤,并解释为什么每一步对边缘检测都是必要的。实现一个简单的区域生长算法,从一个给定的种子点开始,根据指定的相似性准则(如灰度值)将相邻像素合并到区域中。

4. 解释区域分裂与合并算法的基本原理,并讨论其在图像分割中的应用。

5. 描述分水岭算法的工作原理,并讨论其在图像分割中的优缺点。

◇第六章
数学形态学

数学形态学(Mathematical Morphology)是研究数字影像形态结构特征和快速并行处理方法的理论,在对目标影像进行形态变换的基础上,实现结构分析和特征提取。早期的形态学是生物学的一个分支,用来处理动物和植物的形状和结构,由此发展起来的数学形态学成为一种应用于图像处理和模式识别领域的新的方法。1964 年,法国学者 J. Serra 对铁矿石的岩相进行了定量分析,以预测铁矿石的可轧性。几乎在同时,G. Matheron 研究了多孔介质的几何结构、渗透性及两者的关系,他们的研究成果直接导致数学形态学雏形的形成。随后,J. Serra 和 G. Matheron 在法国共同建立了枫丹白露(Fontainebleau)数学形态学研究中心。在以后几年的研究中,他们逐步建立并进一步完善了数学形态学的理论体系,且进一步研究了基于数学形态学的图像处理系统。

数学形态学是一门建立在严格的数学理论基础上的科学。G. Matheron 于 1973 年出版的 *Ensembles Aleatoires et Geometrie Integrate*(《随机集合与积分几何》)一书严谨而详尽地论证了随机集论和积分几何,为数学形态学奠定了理论基础。1982 年,J. Serra 出版的专著 *Image Analysis and Mathematical Morphology*(《图像分析与数学形态学》)是数学形态学发展的里程碑,它表明数学形态学在理论上已趋于完备,在实际应用中不断深入。此后,经过科学工作者的不断努力,J. Serra 主编的 *Image Analysis and Mathematical Morphology*,*Volume 2*、*Volume 3*(《图像分析与数学形态学》第二卷、第三卷)相继出版,1986 年,CVGIP(Computer Vision Graphics and Image Processing,计算机视觉图形与图像处理)发表了数学形态学专辑,从而使得数学形态学的研究呈现了新的景象。同时,枫丹白露研究中心的学者们又相继提出了基于数学形态学方法的纹理分析模型系列,从而使数学形态学的研究前景更加光明。

随着数学形态学逻辑基础的发展,其应用开始向边缘学科和工业技术方面发展。

数学形态学的应用领域已不限于传统的微生物学和材料学领域,20世纪80年代初又出现了几种新的应用领域,如工业控制、放射医学、运动场景分析等。数学形态学在我国的应用研究也很快,目前,已研制出一些以数学形态学为基础的实用图像处理系统,如中国科学院生物物理研究所和计算机技术研究所负责,由软件研究所、电子研究所和自动化所参加研究的癌细胞自动识别系统等。

数学形态学是一门综合了多学科知识的交叉科学,其理论基础颇为艰深,但其基本观念却比较简单。它体现了逻辑推理与数学演绎的严谨性,又要求具备与实践密切相关的实验技术与计算技术。它涉及微分几何、积分几何和随机过程等许多数学理论,其中积分几何和随机集论是其赖以生存的基石。总之,数学形态学是建立在严格的数学理论基础上而又密切联系实际的科学。用于描述数学形态学的语言是集合论,因此,它可以提供一个统一而强大的工具来处理图像处理中所遇到的问题。利用数学形态学对物体几何结构的分析过程就是主客体相互逼近的过程。利用数学形态学的几个基本概念和运算,将结构元灵活地组合、分解,应用形态变换序列达到分析的目的。

利用数学形态学进行图像分析的基本步骤如下:

(1) 提出所要描述的物体几何结构模式,即提取物体的几何结构特征;

(2) 根据该模式选择相应的结构元素,结构元素应该简单但对模式具有最强的表现力;

(3) 用选定的结构元对图像进行击中与否(HMT)变换,便可得到比原始图像显著突出物体特征信息的图像。如果赋予相应的变量,则可得到该结构模式的定量描述;

(4) 经过形态变换后的图像突出了我们需要的信息,此时,就可以方便地提取信息。

数学形态学方法比其他空域或频域图像处理和分析方法具有一些明显的优势。例如:在图像恢复处理中,基于数学形态学的形态滤波器可借助先验的几何特征信息利用形态学算子有效地滤除噪声,又可以保留图像中的原有信息。

在形态算法设计中,结构元素的选择十分重要,其形状、尺寸的选择是能否有效地提取信息的关键。结构元素是数学形态学中一个最重要也是最基本的概念。它是 n 维欧氏空间 E^n 中的一个集合。在形态运算当中,结构元素的作用与信号处理时的"滤波窗口"相当。

设有两幅图像 B 和 A。若 A 是被处理的对象,而 B 是用来处理 A 的,则称 B 为结构元素(structure element),又被形象地称作刷子,通常都是一些比较小的图像。

一般情况,结构元素的选择本着如下几个原则进行:

(1) 结构元素在几何上比较简单。

(2) 结构元素的凸性非常重要,对非凸子集,由于连接两点的线段大部分位于集合的外面,故而用非凸子集作为结构元将得不到什么信息。

(3) 结构元素必须有一个中心点,当做数学形态学运算时,中心点与原图像的重合点之间的关系是运算的必要条件。

总之,数学形态学的基本思想和基本研究方法具有一些特殊性,掌握和运用好这些特性是取得良好结果的关键。

6.1 膨胀与腐蚀

6.1.1 膨胀

若 A 被 B 膨胀,记为 $A \oplus B$,$\oplus$ 为膨胀算子,膨胀的定义为:

$$A \oplus B = \{x \mid (\hat{B})_x \bigcap A \neq \varnothing\} \tag{6.1}$$

由膨胀的定义可知:集合 A 被集合 B 膨胀就是 B 在 A 滑动过程中,如果 B 的中心点所在的位置是1,那么 A 在 B 所覆盖的范围均是1。(直观地认为:中心点是1,结构元素涉及的所有点也是1。)

图像膨胀的作用:

· 膨胀在数学形态学运算中的作用是填充图像表面的凹槽。

· 如果结构元素取 3×3 的像素块,膨胀将使物体的边界沿周边增加一个像素。

· 选取不同大小的结构元素,就可以把原图像中的空洞进行填补。

· 如果两个物体之间有细小的缝隙,那么当结构元素足够大时,通过膨胀运算可以将两个物体合并。

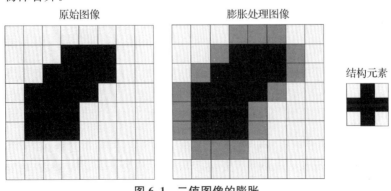

图 6.1 二值图像的膨胀

6.1.2 腐蚀

A 用 B 来腐蚀写作 $A\ominus B$,定义为:

$$A\ominus B=\{x\,|\,(B)_x\subseteq A\} \tag{6.2}$$

集合 A 被集合 B 腐蚀就是:B 移动后完全包含在 A 中时,B 的原点位置的集合。或者 B 在 A 滑动过程中,如果 B 是 1 的位置在 A 内也是 1,那么 B 中心点所在的 A 才是 1。(结构元素覆盖的所有点是 1,中心点才是 1。)

图像腐蚀的作用:

• 腐蚀在数学形态学运算中的作用是消除物体边界点。

• 如果结构元素取 3×3 的像素块,腐蚀将使物体的边界沿周边减少一个像素。

• 腐蚀可以把小于结构元素的物体(毛刺、小凸起)去除,这样选取不同大小的结构元素,就可以在原图像中去掉不同大小的物体。

• 如果两个物体之间有细小的连通,那么当结构元素足够大时,通过腐蚀运算可以将两个物体分开。

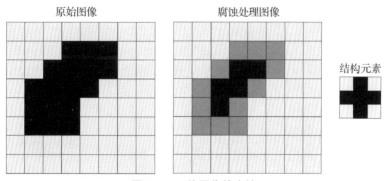

图 6.2 二值图像的腐蚀

6.2 开运算与闭运算

如前所述,膨胀扩大图像,腐蚀收缩图像,这两种运算都在处理图像的同时使原始目标图像发生面积上的明显改变,如果将两者结合起来,就形成了另外两个重要的形态运算,即开运算和闭运算。开运算一般能平滑图像的轮廓,削弱狭窄的部分,去掉细的突出。闭运算也是平滑图像的轮廓,与开运算相反,它一般熔合窄的缺口和细长的弯口,去掉小洞,填补轮廓上的缝隙。

6.2.1 开运算

开运算的定义是:B 对 A 进行的开操作就是先用 B 对 A 腐蚀,然后用 B 对结果进行膨胀,结构元素 B 对集合 A 作开运算记为 $A \bigcirc B$,定义为:

$$A \bigcirc B = (A \ominus B) \oplus B \tag{6.3}$$

开运算的含义:$A \bigcirc B$ 的边界就是结构元素 B 在目标 A 内转动时,B 中的点所能达到的最大边界。

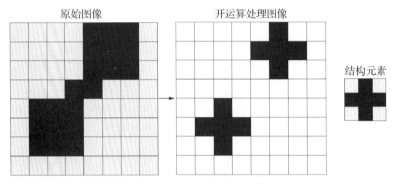

图 6.3 二值图像的开运算

6.2.2 闭运算

闭运算的定义是:B 对 A 进行的闭操作就是先用 B 对 A 膨胀,然后用 B 对结果进行腐蚀,定义为:

$$A \cdot B = (A \oplus B) \ominus B \tag{6.4}$$

闭运算含义:$A \cdot B$ 的边界就是通过结构元素 B 在 A 边界外转动时,B 中的点所能达到的最小范围。

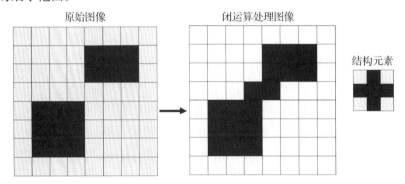

图 6.4 二值图像的闭运算

开运算与闭运算的比较:

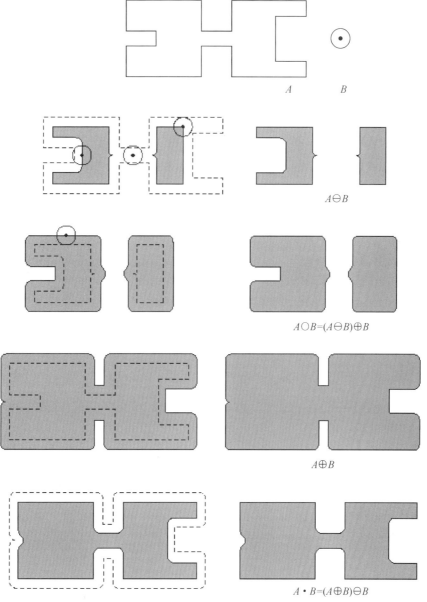

图 6.5　开运算与闭运算的比较

开操作(开门):使图像的轮廓变得光滑,断开狭窄的间断和消除细小的突出物。

闭操作(关门):使图像的轮廓变得光滑,消除狭窄的间断和长细的鸿沟,消除小的孔洞,并填补轮廓线中的裂痕。

6.3 灰度图像的形态学运算

灰度图像与二值图像的形态学变换有很大不同,首先,灰度图像形态学处理的定义与二值图像的不同,因为二值图像用二维坐标来表示图像信息,而灰度图用三维坐标表示,其第三维就是灰度信息;其次,二值图像中结构元素是平坦的,没有灰度信息,但灰度图像中,结构元素是可以带有第三维信息的,即结构元素也是灰度的;最后,结构元素一旦引入灰度信息,那么输出结果将不再由输入图像唯一确定,需要通过原始图像与结构元素进行对应项的加减计算来进行。在灰度图像中,为了保存灰度信息,"与"和"或"操作被对应地替换成了"最大值"和"最小值"操作,这样就给出了灰度图像中腐蚀和膨胀的操作定义。

6.3.1 灰度膨胀

对于灰度结构元素 g,灰度膨胀的结果是在由结构元素确定的邻域块中选取图像值与结构元素值的和的最大值。

设 $f(x,y)$ 为输入图像,$g(x,y)$ 为结构元素,$f(x,y)$、$g(x,y)$ 分别为图像和结构元素在点 (x,y) 处的灰度值。图像 $f(x,y)$ 被结构元素 $g(x,y)$ 膨胀记为 $f \oplus g$,定义如下:

$$(f \oplus g)(u,v) = \max\{f(u-x,v-y)+g(x,y) \,|\, (u-x,v-y) \in D_f; (x,y) \in D_g\}$$
$$(6.5)$$

其中 D_f,D_g 分别是函数 $f(x,y)$ 和 $g(x,y)$ 的定义域。

图 6.6 为灰度图像及灰度结构元素,图 6.7 为利用该结构元素对灰度图像进行膨胀运算的过程和结果。

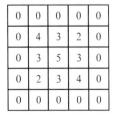

(a) 输入图像   (b) 结构元素

图 6.6　灰度图像与灰度结构元素

为了防止灰度结构元素对运算结果的影响,可以选择全部为 0 的灰度结构元素,这样,灰度膨胀的结果就是结构元素覆盖范围内的原始图像值的最大值。缺点是灰度膨胀容易造成一个孤立的高亮噪声扩大化,也会使物体的一些高亮度的关键细节丢失。

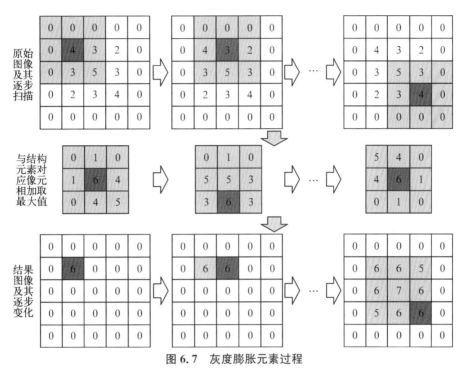

图 6.7　灰度膨胀元素过程

6.3.2　灰度腐蚀

对于灰度结构元素 g,灰度腐蚀的结果是在由结构元素确定的邻域块中选取图像值与结构元素值的差的最小值。

设 $f(x,y)$ 为输入图像,$g(x,y)$ 为结构元素,$f(x,y)$、$g(x,y)$ 分别为图像和结构元素在点 (x,y) 处的灰度值。图像 $f(x,y)$ 被结构元素 $g(x,y)$ 腐蚀记为 $f\ominus g$,定义如下:

$$(f\ominus g)(u,v)=\min\{f(u+x,v+y)-g(x,y)\mid(u+x,v+y)\in D_f;(x,y)\in D_g\}$$

$$(6.6)$$

其中 D_f,D_g 分别是函数 $f(x,y)$ 和 $g(x,y)$ 的定义域。

图 6.8 为利用图 6.6 中结构元素对灰度图像进行腐蚀运算的过程和结果。

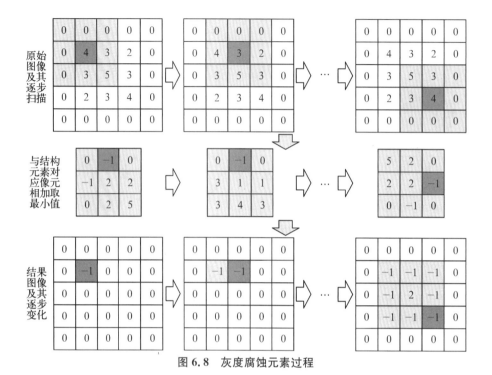

图 6.8 灰度腐蚀元素过程

为了防止灰度结构元素对运算结果的影响,可以选择全部为 0 的灰度结构元素,这样,灰度腐蚀的结果就是结构元素覆盖范围内的原始图像值的最小值。灰度腐蚀的缺点是容易造成使一个孤立的低亮噪声扩大化。也会使物体的一些低亮度的关键细节丢失。

6.3.3 灰度开运算与闭运算

同二值图像的开运算和闭运算一样。灰度图像的开运算和闭运算也是膨胀与腐蚀运算的叠加。灰度开运算就是先腐蚀再膨胀,闭运算就是先膨胀再腐蚀。

1)几何意义

为了说明问题,当选择的结构元素均是 0 时,灰度膨胀与腐蚀的结果就是结构元素覆盖范围内的原始图像值的最大值与最小值。

如图 6.9 所示,灰度开运算就是用结构元素从低灰度值底部向高灰度值升高,能够提升的位置就是开运算的处理结果;而闭运算,就是结构元素从高灰度值往低灰度值降落,能够降落的位置就是闭运算的处理结果。

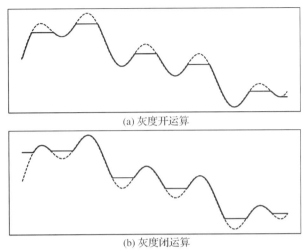

(a) 灰度开运算

(b) 灰度闭运算

图 6.9　灰度开运算与灰度闭运算

2）作用

根据灰度运算的特点,灰度开运算会消除亮点,灰度闭运算会消除暗点。原因在于:开运算是先腐蚀,再膨胀。腐蚀相当于最小值的操作,很容易将亮点腐蚀掉,那么膨胀再还原的时候,亮点已经消失了。所以灰度级的开运算的效果是消除亮点,尤其是暗背景中的亮点。

同理,闭运算可以消除暗点,尤其是亮背景下的暗点。

3）示例

对图 6.10(a)添加椒盐噪声,得到噪声图(b),然后选择 3×3 的等值结构元素对噪声图像进行灰度开运算和灰度闭运算,结果分别见图(c)和图(d)。

(a)　　　　　　(b)　　　　　　(c)　　　　　　(d)

图 6.10　灰度开运算与灰度闭运算

从图 6.10 的例子中可以看到:

开运算处理后的图像(c),在腐蚀运算中消除了亮点,但扩大了暗点,后期的膨胀运算也未能将扩大了的暗点消除掉。

闭运算处理后的图像(d),在膨胀运算中消除了暗点,但扩大了亮点,后期的腐蚀运算也未能将扩大了的亮点消除掉。

6.4　击中击不中变换（HMT）

数学形态学中击中(Hit)击不中(Miss)变换是形状检测的基本工具。HMT 变换是形态检测的一个工具,通过定义形状模板可以在图像中获取同一形状物体的位置坐标。其运算公式见式(6.7)。

$$A * B = (A \ominus B_1) \bigcap (A^c \ominus B_2) \tag{6.7}$$

设 A 为目标图像,B 为结构元素,$B=(B_1, B_2)$,令 B_1 是与 B 对象相联系的像素构成的集合。A^c 为 A 的补集。B_2 是与 B 对象相应背景有关像素的集合。

HMT 变换的含义是在原始图像 X 被结构元素 B 击中的输出结果中,每点 X 必须同时满足两个条件:B_1 被 X 平移后包含在 X 内;B_2 被 A^c 平移后不包含在 X 内。

一般来说,设给定原始图像 X 中包含 A 在内的多个不同物体,假设定位目标 A,为此设置一个形状模板 A,此时取一个比 A 稍大的 B,且 A 不与 B 的边缘相交,令 $B_1 = A, B_2 = B - A$;如图 6.11 所示:

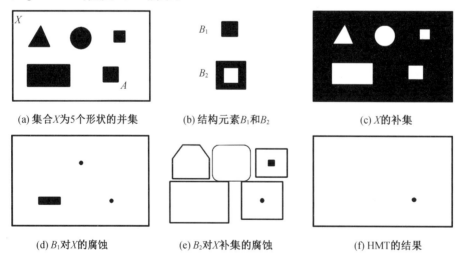

(a) 集合X为5个形状的并集　　　(b) 结构元素B₁和B₂　　　(c) X的补集

(d) B₁对X的腐蚀　　　(e) B₂对X补集的腐蚀　　　(f) HMT的结果

图 6.11　运用 HMT 变换进行目标检测与定位

算法步骤:

① 开三个内存缓冲区,用来保存原始图像数据 X,结构元素 B_1 对原始图像的腐蚀结果,结构元素 B_2 对原图像补集的腐蚀结果;

② 保存原始图像数据,用结构元素 B_1 对原始图像腐蚀,并保存腐蚀后的结果;

③ 恢复原始图像,并对其求补;

④ 用结构元素 B_2 对原始图像的补进行腐蚀操作,并保存腐蚀后的结果;

⑤ 求两个腐蚀结果的交集,即击中击不中的结果。

6.5 图像细化

图像细化目的是将图像的骨架提取出来的同时,保持图像细小部分的连通性,特别是在文字识别、地质识别、工业零件识别或图像理解中,先对被处理的图像进行细化,有助于突出形状特点和减少冗余信息量。

图像细化有很多种方法,在击中击不中算法中,通过选择不同的边界结构元素对图像进行击中击不中运算,将击中击不中运算的结果(边界点)进行删除,如此循环运算,最后保留下来的就是图像的骨架。形态学细化的公式见式(6.8):

$$A \otimes B = A - (A * B) = A \bigcap (A * B)^c \tag{6.8}$$

其中,A 是原始图像,B 是选取的边界结构元素,公式的含义是:用边界结构元素对图像进行击中击不中运算,然后从原始图像删除运算处理的边界点,不断地重复以上过程,运算的最后结果就是图像的骨架。

图 6.12 中,选择了 8 个边界结构元素 B_1、B_2、$\cdots$、B_8,用这 8 个结构元素不断地对图像 A 进行击中击不中运算,每次运算后删除运算处理的边界,最后得到了 A 的骨架。

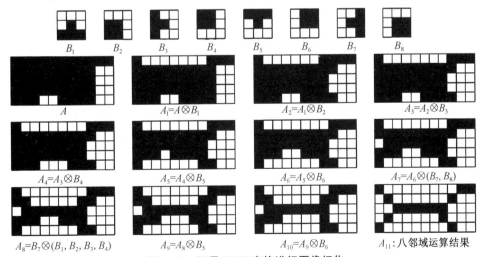

图 6.12 运用 HMT 变换进行图像细化

另外一种常用的图像细化方法是 Zhang-Suen 细化算法。Zhang-Suen 算法是一种经典的细化算法,相关论文 1984 年在 IPCV(Image Processing and Computer Vision)上发表,后续很多算法在其基础上进行改进。该算法的核心在于先判断非 0 像素点是不是边缘点,如果是边缘点,就予以删除。判断边缘点共分为两个步骤。

如图 6.13 中的 P_1 点是需要判断的点,将八邻域的点按 P_2、P_3、$\cdots$、P_9 进行排列,是目标点就等于 1,背景点就等于 0。判断过程如下:

P_9	P_2	P_3	0	0	1
P_8	P_1	P_4	1	P_1	0
P_7	P_6	P_5	1	0	1

图 6.13 zhang-suen 细化算法的八邻域

第一个步骤是:循环所有前景像素点,对符合如下条件的像素点标记为删除:

① $2 \leqslant N(P_1) \leqslant 6$

② $S(P_1) = 1$

③ $P_2 * P_4 * P_6 = 0$

④ $P_4 * P_6 * P_8 = 0$

其中 $N(P_1)$ 表示跟 P_1 相邻的 8 个像素点中,为前景像素点的个数;$S(P_1)$ 表示从 $P_2 \sim P_9 \sim P_2$ 像素中出现 0~1 变化的累计次数。

第二个步骤是:循环所有前景像素点,对符合如下条件的像素点标记为删除:

① $2 \leqslant N(P_1) \leqslant 6$

② $S(P_1) = 1$

③ $P_2 * P_4 * P_8 = 0$

④ $P_2 * P_6 * P_8 = 0$

其中 $N(P_1)$ 表示跟 P_1 相邻的 8 个像素点中,为前景像素点的个数;$S(P_1)$ 表示从 $P_2 \sim P_9 \sim P_2$ 像素中出现 0~1 变化的累计次数。

循环上述两步骤,直到两步中都没有像素被标记为删除为止,输出的结果即为二值图像细化后的骨架。

6.6 边界提取

设集合 A 的边界表示为 $\beta(A)$,选取结构元素 B,先进行 B 对 A 腐蚀,而后用 A 减去腐蚀的结果。

$$\beta(A) = A - (A \ominus B) \tag{6.9}$$

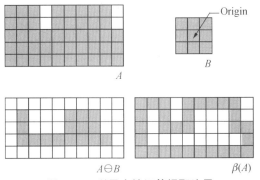

图 6.14　利用腐蚀运算提取边界

图 6.14 中，A 为原始图像，B 为结构元素，先用 B 对 A 腐蚀，得到 $A \ominus B$。然后取原始图像 A 与 $A \ominus B$ 的差，就得到边界图像 $\beta(A)$。

6.7　区域填充

区域填充可以认为是边界提取的反过程，已知边界情况下得到边界包含的区域。已知某一图形，具有 8 连通边界，其内部有空白区域，那么怎么填充内部？区域填充主要有三种方法：多边形扫描线填充算法、边缘填充算法和种子填充算法。其中，从数学形态学角度来讲，种子填充算法又称为形态学区域填充。

种子点填充算法可以采用栈结构来实现：在图像内部确认一点，然后以此点为基准，按照"右上左下"的顺序判断相邻像素，若不是边界并且没被填充过，就对其进行填充，并重复上述过程，直至所有像素填充完毕。实际操作时采用种子像素入栈，当栈非空时，重复执行如下操作：(1) 栈顶像素出栈；(2) 将栈顶像素填充；(3) 按"右上左下"的顺序检查相邻的四个像素，若其中某个像素不在边界并且标记为背景，则将其入栈。

种子点填充法也可以用形态学中的多次膨胀来实现，其定义为：设所有非边界（背景）点为 0，则将 1 赋给种子点 p，从 p 点开始，按下列过程填充整个区域。

$$X_k = (X_{k-1} \oplus B) \bigcap A^c \qquad k = 1, 2, 3, \cdots \qquad (6.10)$$

实现目的：从边界内的一个点开始，用 1 填充整个区域 $X_0 = p$，如果 $X_k = X_k - 1$，则算法在迭代的第 k 步结束。X_k 和 A 的并集包含被填充的集合和它的边界。

6.8 本章部分程序代码

```
//膨胀
public int[,] MatDilate(int[,] a,int[,] t)
{
    int height= a.GetLength(0);
    int width= a.GetLength(1);
    int r= (t.GetLength(0) - 1) / 2;
    int[,] result= new int[height, width];
    for (int i= 0; i < height; i+ + )
    {
        for (int j= 0; j < width;j+ + )
        {
            result[i, j]= a[i, j];
        }
    }
    for (int i= r; i < height - r; i+ + )
    {
        for (int j= r; j < width - r;j+ + )
        {
            //每个搜索区计算卷积
            for (int i1= 0; i1 < 2 * r+ 1; i1+ + )
            {
                for (int j1= 0; j1 < 2 * r+ 1; j1+ + )
                {
                    if (t[i1, j1]= = 1 && a[i - r+ i1, j - r+ j1]= = 255)
                    {
                        result[i, j]= 255;
                        break;
                    }
                }
            }
        }
    }
    return result;
}
//腐蚀
public int[,] MatErosion(int[,] a, int[,] t)
{

    int height= a.GetLength(0);
    int width= a.GetLength(1);
    int r= (t.GetLength(0) - 1) / 2;
```

```
        int[,] result= new int[height, width];
        for (int i= 0; i < height; i+ + )
        {
            for (int j= 0; j < width;j+ + )
            {
                result[i, j]= a[i, j];
            }
        }
        for (int i= r; i < height - r; i+ + )
        {
            for (int j= r; j < width - r;j+ + )
            {
                if (a[i, j]= = 255)
                {
                    //每个搜索区计算卷积
                    for (int i1= 0; i1 < 2 * r+ 1; i1+ + )
                    {
                        for (int j1= 0; j1 < 2 * r+ 1; j1+ + )
                        {
                        if (t[i1, j1]= = 1 && a[i - r+ i1, j - r+ j1]= = 0)
                            {
                                result[i, j]= 0;
                                break;
                            }
                        }
                    }
                }
            }
        }
        return result;
}
//开运算
public int[,] MatOpen(int[,] a, int[,] t)
{
    int height= a.GetLength(0);
    int width= a.GetLength(1);
    int[,] b= new int[height, width];
    int[,] result= new int[height, width];
    b= MatErosion(a, t);
    result= MatDilate(b,t);
    return result;
}
//闭运算
public int[,] MatClose(int[,] a, int[,] t)
{
```

```
        int height= a.GetLength(0);
        int width= a.GetLength(1);
        int[,] b= new int[height, width];
        int[,] result= new int[height, width];
        b= MatDilate(a,t);
        result= MatErosion(b,t);
        return result;
    }

    //4 连通_new
    //输入灰度图像分割后的二维数组，返回以不同的数字标识不同对象的二维数组，
amout 表示对象的个数
    public int[,] bwlabel4_new(int[,] srcBitmap, out int amout)
    {
        int Height= srcBitmap.GetLength(0);
        int Width= srcBitmap.GetLength(1);
        int[,] dstBitmap= new int[Height, Width];
        int kk= Height * Width;
        int len= 10000;
        int[,] merge= new int[Height, Width];//临时标记数组
        int nIndex= 0;
        int[] common= new int[10000];
        common[0]= 0;
        //初始设置
        if (srcBitmap[0, 0]= = 255)
        {
            nIndex= nIndex+ 1;
            merge[0, 0]= nIndex;
        }
        else
        {
            merge[0, 0]= nIndex;
        }
        //处理第一行
        for (int i= 1; i < Width; i+ + )
        {
            if (srcBitmap[0, i]= = srcBitmap[0, i - 1])
            {
                merge[0, i]= merge[0, i - 1];
            }
            else
            {
                if (srcBitmap[0, i]= = 255)
                {
                    nIndex= nIndex+ 1;
```

```
                merge[0, i]= nIndex;
                common[merge[0, i]]= merge[0, i];
            }
            else
            {
                merge[0, i]= 0;
            }
        }
    }
    //处理余下的行
    for (int j= 1; j < Height;j+ + )
    {
        //首列的像素处理
        if (srcBitmap[j, 0]= = srcBitmap[j - 1, 0])
        {
            merge[j, 0]= merge[j - 1, 0];
        }
        else
        {
            if (srcBitmap[j, 0]= = 255)
            {
                nIndex= nIndex+ 1;
                merge[j, 0]= nIndex;
                common[merge[j, 0]]= merge[j, 0];
            }
            else
            {
                merge[j, 0]= 0;
            }
        }
        //其他列
        for (int i= 1; i < Width; i+ + )
        {
            //与上一行相同,与上一列不相同
            if (srcBitmap[j, i]= = srcBitmap[j - 1, i] && srcBitmap
[j, i] ! = srcBitmap[j, i - 1])
            {
                merge[j, i]= merge[j - 1, i];
            }
            //与上一列相同,与上一行不相同
            if (srcBitmap[j, i]= = srcBitmap[j, i - 1] && srcBitmap
[j, i] ! = srcBitmap[j - 1, i])
            {
                merge[j, i]= merge[j, i - 1];
            }
```

```
                //与上一列和上一行均不相同
                if (srcBitmap[j, i]! = srcBitmap[j - 1, i] && srcBitmap
    [j, i]! = srcBitmap[j, i - 1])
                    {
                        if (srcBitmap[j, i]= = 255)
                        {
                            nIndex= nIndex+ 1;
                            merge[j, i]= nIndex;
                            common[merge[j, i]]= merge[j, i];
                        }
                        else
                        {
                            merge[j, i]= 0;
                        }
                    }
                //与上一列和上一行均相同,即有冲突
                if (srcBitmap[j, i]= = srcBitmap[j - 1, i] && srcBitmap
    [j, i]= = srcBitmap[j, i - 1])
                    {
                        //如果左和上的像素相同
                        if (merge[j, i - 1]= = merge[j - 1, i])
                        {
                            merge[j, i]= merge[j - 1, i];
                        }
                        //如果左和上的像素不相同
                        else
                        {
                            int min;
                            intmin_common;
                            min= mymin(merge[j, i - 1], merge[j - 1, i]);
                            min_common= mymin((int)common[merge[j, i - 1]],
    (int)common[merge[j - 1, i]]);
                            //扫描 common 数组
                            for (int k= 0; k < len; k+ + )
                            {
                                if (common[k]= = common[merge[j - 1, i]] ||
    common[k]= = common[merge[j, i - 1]])
                                {
                                    common[k]= min_common;
                                }
                            }
                            merge[j, i]= min;
                        }
                    }
            }
```

```
}

int n= 0;
//扫描 common 数组,去除 0
for (int i= 0; i < len; i+ + )
{
    if (common[i] ! = 0 || i= = 0)
    {
        n+ + ;
    }
}
int[] new_common= new int[n];
for (int i= 0; i < n; i+ + )
{
    new_common[i]= common[i];
}
//扫描 common 数组内部,去除重复(非常重要!)
for (int i= 0; i < n; i+ + )
{
    int k= new_common[i];
    if (new_common[k] ! = k)
    {
        new_common[i]= new_common[k];
    }
}
//扫描 common 数组内部,完成重新编号的目的
int index= 1;
int[] common2= new int[n];              //新建另一个数组
for (int i= 1; i < n; i+ + )
{
    if (new_common[i]= = 1)
    {
        common2[i]= 1;
    }
    else
    {
        int temp2= 0;
        int temp= - 1;
        for (int j= 1; j < = i - 1; j+ + )
        {
            if (new_common[i]= = new_common[j])
            {
                temp= 0;
                temp2= j;
            }
        }
```

```
            }
            if (temp= = 0)
            {
                common2[i]= common2[temp2];
            }
            if (temp= = - 1)
            {
                index= index+ 1;
                common2[i]= index;
            }
        }
    }
    amout= common2[0];
    for (int i= 0; i < n; i+ + )
    {
        if (common2[i] > = amout)
        {
            amout= common2[i];
        }
    }
    //扫描 merge 数组,改正冲突的值
    for (int i= 0; i < Height; i+ + )
    {
        for (int j= 0; j < Width;j+ + )
        {
            if (merge[i, j] ! = 0)
            {
                for (int k= 0; k < n; k+ + )
                {
                    if (merge[i, j]= = k)
                    {
                        merge[i, j]= common2[k];
                    }
                }
            }
        }
    }
    return merge;
}


//8 连通_new
//输入灰度图像分割后的二维数组,返回以不同的数字标识不同对象的二维数组,
amout 表示对象的个数
public int[,] bwlabel8_new(int[,] srcBitmap, out int amout)
{
```

```
int Height= srcBitmap.GetLength(0);
int Width= srcBitmap.GetLength(1);
int[,] dstBitmap= new int[Height, Width];
int kk= Height * Width;
int len= 10000;

int[,] merge= new int[Height, Width];//临时标记数组
int nIndex= 0;
int[] common= new int[10000];
common[0]= 0;
//初始设置
if (srcBitmap[0, 0]= = 255)
{
    nIndex= nIndex+ 1;
    merge[0, 0]= nIndex;
}
else
{
    merge[0, 0]= nIndex;
}
//处理第一行
for (int i= 1; i < Width; i+ + )
{
    if (srcBitmap[0, i]= = srcBitmap[0, i - 1])
    {
        merge[0, i]= merge[0, i - 1];
    }
    else
    {
        if (srcBitmap[0, i]= = 255)
        {
            nIndex= nIndex+ 1;
            merge[0, i]= nIndex;
            common[merge[0, i]]= merge[0, i];
        }
        else
        {
            merge[0, i]= 0;
        }
    }
}
//处理余下的行
for (int j= 1; j < Height;j+ + )
{
    //首列的像素处理
```

```
                if (srcBitmap[j, 0]= = srcBitmap[j - 1, 0])
                {
                    merge[j, 0]= merge[j - 1, 0];
                }
                else
                {
                    if (srcBitmap[j, 0]= = 255)
                    {
                        nIndex= nIndex+ 1;
                        merge[j, 0]= nIndex;
                        common[merge[j, 0]]= merge[j, 0];
                    }
                    else
                    {
                        merge[j, 0]= 0;
                    }
                }
                //其他列
                for (int i= 1; i < Width; i+ + )
                {
                    //只与左上角相同
                        if (srcBitmap[j, i]= = srcBitmap[j - 1, i - 1] &&
                srcBitmap[j, i] ! = srcBitmap[j - 1, i] && srcBitmap[j, i] ! = srcBitmap
                [j, i - 1])
                        {
                            merge[j, i]= merge[j - 1, i - 1];
                        }
                    //只与上一列相同
                        if (srcBitmap[j, i] ! = srcBitmap[j - 1, i - 1] &&
                srcBitmap[j, i]= = srcBitmap[j - 1, i] && srcBitmap[j, i] ! = srcBitmap
                [j, i - 1])
                        {
                            merge[j, i]= merge[j - 1, i];
                        }
                    //只与上一行相同
                        if (srcBitmap[j, i] ! = srcBitmap[j - 1, i - 1] &&
                srcBitmap[j, i] ! = srcBitmap[j - 1, i] && srcBitmap[j, i]= = srcBitmap
                [j, i - 1])
                        {
                            merge[j, i]= merge[j, i - 1];
                        }
                    //与三个均不相同
                        if (srcBitmap[j, i] ! = srcBitmap[j - 1, i - 1] &&
                srcBitmap[j, i] ! = srcBitmap[j - 1, i] && srcBitmap[j, i] ! = srcBitmap
                [j, i - 1])
```

```
                {
                    if (srcBitmap[j, i]= = 255)
                    {
                        nIndex= nIndex+ 1;
                        merge[j, i]= nIndex;
                        common[merge[j, i]]= merge[j, i];
                    }
                    else
                    {
                        merge[j, i]= 0;
                    }
                }
```

//与上一列和上一行均相同,即有冲突
```
                if (srcBitmap[j, i]= = srcBitmap[j, i - 1] && srcBitmap
[j, i]= = srcBitmap[j - 1, i] && srcBitmap[j, i] ! = srcBitmap[j - 1, i
- 1])
                {
```
//如果左和上的像素相同
```
                    if (merge[j - 1, i]= = merge[j, i - 1])
                    {
                        merge[j, i]= merge[j, i - 1];
                    }
```
//如果左和上的像素不相同
```
                    else
                    {
                        int min;
                        int min_common;
                        min= mymin(merge[j - 1, i], merge[j, i - 1]);
                        min_common= mymin((int)common[merge[j - 1,
i]], (int)common[merge[j, i - 1]]);
                        //扫描 common 数组
                        for (int k= 0; k < len; k+ + )
                        {
                            if (common[k]= = common[merge[j, i - 1]] ||
common[k]= = common[merge[j - 1, i]])
                            {
                                common[k]= min_common;
                            }
                        }
                        merge[j, i]= min;
                    }
                }
```
//与左上角和上一行均相同,即有冲突
```
                if (srcBitmap[j, i]= = srcBitmap[j, i - 1] && srcBitmap[j,
i] ! = srcBitmap[j - 1, i] && srcBitmap[j, i]= = srcBitmap[j - 1, i - 1])
```

```
                    {
                        //如果像素相同
                        if (merge[j - 1, i - 1]= = merge[j, i - 1])
                        {
                            merge[j, i]= merge[j, i - 1];
                        }
                        //如果像素不相同
                        else
                        {
                            int min;
                            int min_common;
                            min= mymin(merge[j - 1, i - 1], merge[j, i - 1]);
                            min_common= mymin((int)common[merge[j - 1, i
- 1]], (int)common[merge[j, i - 1]]);
                                //扫描 common 数组
                                for (int k= 0; k < len; k+ + )
                                {
                                    if (common[k]= = common[merge[j, i - 1]] ||
common[k]= = common[merge[j - 1, i - 1]])
                                    {
                                        common[k]= min_common;
                                    }
                                }
                            merge[j, i]= min;
                        }
                    }
                //与左上角和上一列均相同,即有冲突
                if (srcBitmap[j, i] != srcBitmap[j, i - 1] && srcBitmap
[j, i]= = srcBitmap[j - 1, i] && srcBitmap[j, i]= = srcBitmap[j - 1, i -
1])
                    {
                        //如果像素相同
                        if (merge[j - 1, i - 1]= = merge[j - 1, i])
                        {
                            merge[j, i]= merge[j - 1, i - 1];
                        }
                        //如果像素不相同
                        else
                        {
                            int min;
                            int min_common;
                            min= mymin(merge[j - 1, i - 1], merge[j - 1, i]);
                            min_common= mymin((int)common[merge[j - 1, i
- 1]], (int)common[merge[j - 1, i]]);
                                //扫描 common 数组
```

```
                    for (int k= 0; k < len; k+ + )
                    {
                        if (common[k]= = common[merge[j - 1, i - 1]] |
| common[k]= = common[merge[j - 1, i]])
                        {
                            common[k]= min_common;
                        }
                    }
                    merge[j, i]= min;
                }
            }
            //与左上角、上一列、上一行均相同,即有冲突
            if (srcBitmap[j, i]= = srcBitmap[j, i - 1] && srcBitmap
[j, i]= = srcBitmap[j - 1, i] && srcBitmap[j, i]= = srcBitmap[j - 1, i -
1])
            {
                //如果像素相同
                if (merge[j - 1, i - 1]= = merge[j - 1, i] && merge[j
- 1, i - 1]= = merge[j, i - 1])
                {
                    merge[j, i]= merge[j - 1, i - 1];
                }
                //如果像素不相同
                else
                {
                    int min1;
                    int min2;
                    int min_common1;
                    int min_common2;
                    min1= mymin(merge[j, i - 1], merge[j - 1, i]);
                    min2= mymin(min1, merge[j - 1, i - 1]);
                     min_common1= mymin(common[merge[j, i - 1]],
common[merge[j - 1, i]]);
                    min_common2= mymin(common[merge[j - 1, i - 1]],
min_common1);
                    //扫描 common 数组
                    for (int k= 0; k < len; k+ + )
                    {
                        if (common[k]= = common[merge[j - 1, i - 1]]
|| common[k]= = common[merge[j - 1, i]] || common[k]= = common[merge[j,
i - 1]])
                        {
                            common[k]= min_common2;
                        }
                    }
```

```
                    merge[j, i]= min2;
                }
            }
        }
    }
    int n= 0;
    //扫描 common 数组，去除 0
    for (int i= 0; i < len; i+ + )
    {
        if (common[i] ! = 0 || i= = 0)
        {
            n= n+ 1;
        }
    }
    int[] new_common= new int[n];
    for (int i= 0; i < n; i+ + )
    {
        new_common[i]= common[i];
    }
    //扫描 common 数组内部，去除重复(非常重要!)
    for (int i= 0; i < n; i+ + )
    {
        int k= new_common[i];
        if (new_common[k] ! = k)
        {
            new_common[i]= new_common[k];
        }
    }
    //扫描 common 数组内部，完成重新编号的目的
    int index= 1;
    int[] common2= new int[n];          //新建另一个数组
    for (int i= 1; i < n; i+ + )
    {
        if (new_common[i]= = 1)
        {
            common2[i]= 1;
        }
        else
        {
            int temp2= 0;
            int temp= - 1;
            for (int j= 1; j < = i - 1; j+ + )
            {
                if (new_common[i]= = new_common[j])
                {
```

```
                                temp= 0;
                                temp2= j;
                        }
                }
                if (temp= = 0)
                {
                        common2[i]= common2[temp2];
                }
                if (temp= = - 1)
                {
                        index= index+ 1;
                        common2[i]= index;
                }
        }
}

amout= common2[0];
for (int i= 0; i < n; i+ + )
{
        if (common2[i] > = amout)
        {
                amout= common2[i];
        }
}

//扫描 merge 数组,改正冲突的值
for (int i= 0; i < Height; i+ + )
{
        for (int j= 0; j < Width;j+ + )
        {
                if (merge[i, j] ! = 0)
                {
                        for (int k= 0; k < n; k+ + )
                        {
                                if (merge[i, j]= = k)
                                {
                                        merge[i, j]= common2[k];
                                }
                        }
                }
        }
}
return merge;
}
```

```
private int mymin(int a, int b)
{
    if (a > b)
    {
        return b;
    }
    else
    {
        return a;
    }
}
```

习 题

1. 解释数学形态学中腐蚀和膨胀操作的定义及其在图像处理中的基本应用。

2. 描述开运算和闭运算在图像处理中的作用,并举例说明它们如何影响图像的结构。

3. 讨论灰度膨胀和灰度腐蚀操作在图像分析中的重要性,并说明它们与二值图像形态学操作的区别。

4. 解释灰度开运算和闭运算的原理,并讨论它们在图像噪声抑制和细节增强中的应用。

5. 定义击中(Hit)击不中(Miss)变换,并讨论其在形态学操作中的作用。

6. 解释图像细化的概念,并描述如何使用数学形态学工具进行细化操作。

7. 讨论边界提取在图像分析中的重要性,并描述如何应用数学形态学操作来实现边界提取。

8. 解释区域填充操作的目的,并描述如何使用数学形态学工具进行有效的区域填充。

9. 设计一个综合应用题,要求使用腐蚀、膨胀、开运算和闭运算等基本形态学操作来解决一个具体的图像处理问题。

10. 编写代码实现基本的数学形态学操作(如腐蚀、膨胀、开运算和闭运算),并在给定的图像上应用这些操作,展示操作的效果。

◇第七章
图像特征提取

计算机具有识别目标的本领,关键在于获取图像的各种特征,称之为图像特征提取。图像特征是指图像的原始特征或属性。其中有些是视觉直接感受到的自然特征,如区域的亮度、边缘的轮廓、纹理或色彩等,有些是需要通过测量或变换才能得到的人为特征,如变换频谱、直方图等。图像特征提取工作的结果给出了某一具体的图像中与其他图像区别的特征,或者是图像中人们所关注的目标物的特征。如描述物体表面灰度变化的纹理特征、描述物体外形的形状特征等。

图像分割将图像分解成若干个子集或区域。在图像分割的基础上进一步进行图像特征的提取,提取图像内物体或区域的特征。最直观的图像特征包括几何特征和形状特征,它们是用于分类和识别空间目标的重要特征。

图像特征的提取也是机器视觉的重要内容之一。

7.1 特征点提取

数字图像处理中,特征点指的是图像灰度值发生剧烈变化的点或者在图像边缘上曲率较大的点(即两个边缘的交点)。图像特征点在基于特征点的图像匹配算法中有着十分重要的作用。图像特征点能够反映图像本质特征,能够标识图像中目标物体。

图像特征点又称为兴趣点,指的是图像中具有特殊性质的像素点,是图像的重要特征。它具有旋转不变性和不随光照条件变化的优点。这类点被大量用于解决物体识别,图像匹配,视觉跟踪,三维重建等问题。

7.1.1 Moravec 算子

1977 年,Moravec 首次提出兴趣点的概念,Moravec 算子在四个方向上计算非归一化的影像局部灰度差方差,将最小值作为兴趣值测度。因此,该算子检测的特征点是那些影像强度值在每个方向上变化剧烈的点。Moravec 算子提取特征点的过程如下:

(1) 计算图像中各点的兴趣值 V

以该像素点为中心,取一个 $w \times w$(如图 7.1,5×5)的方形窗口,计算 $0°$、$45°$、$90°$、$135°$ 四个方向灰度差的平方和,取其中的最小值作为该像素点的兴趣值。

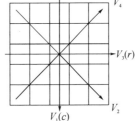

图 7.1　Moravec 算子窗口计算

计算公式为

$$\begin{cases} V_1 = \sum (g_{c+1,r} - g_{c,r})^2 \\ V_2 = \sum (g_{c+1,r+1} - g_{c,r})^2 \\ V_3 = \sum (g_{c,r+1} - g_{c,r})^2 \\ V_4 = \sum (g_{c-1,r+1} - g_{c,r})^2 \end{cases} \tag{7.1}$$

取最小值为兴趣值,即

$$V = \min\{V_1, V_2, V_3, V_4\} \tag{7.2}$$

(2) 确定兴趣点阈值

根据实际图像设定一个阈值 t,遍历图像以兴趣值大于该阈值的点为候选点。

(3) 抑制局部非最大

选一个一定大小的滑动窗口,遍历灰度图像,取窗口中兴趣值最大的候选点为特征点,算法结束。

Moravec 算子具有以下特点:

(1) 计算简单,速度快;

(2) 对强边缘比较敏感;

(3) 当图像发生旋转时,检测出的特征点具有较低的重复率;

(4) 对噪声也比较敏感,可以考虑用比较平滑的滤波来消除噪声。

7.1.2 Forstner 算子

Forstner 算子是从图像中提取点特征的一种较为有效的算子。其特点是速度快、精度较高。实现步骤为：

（1）计算各像素的 Robert 梯度

$$\begin{cases} g_u = \dfrac{\partial g}{\partial u} = g_{i+1,j+1} - g_{i,j} \\[2mm] g_v = \dfrac{\partial g}{\partial v} = g_{i,j+1} - g_{i+1,j} \end{cases} \tag{7.3}$$

其中 g 是灰度函数；$g_{i,j}$ 表示图像中位置为 (i,j) 的灰度值大小，$g_{i,j} \in [0,255]$。

（2）求每个窗口的协方差矩阵

$$\boldsymbol{Q} = \boldsymbol{N}^{-1} = \begin{bmatrix} \sum g_u^2 & \sum g_u g_v \\[2mm] \sum g_u g_v & \sum g_v^2 \end{bmatrix}^{-1} \tag{7.4}$$

矩阵的四个元素根据 Robert 梯度在窗口范围内计算得到。

$$\begin{cases} \sum g_u^2 = \sum \sum (g_{i+1,j+1} - g_{i,j})^2 \\[2mm] \sum g_v^2 = \sum \sum (g_{i,j+1} - g_{i+1,j})^2 \\[2mm] \sum g_u g_v = \sum \sum (g_{i+1,j+1} - g_{i,j})(g_{i,j+1} - g_{i+1,j}) \end{cases} \tag{7.5}$$

（3）由协方差矩阵计算权值与圆度

$$\begin{cases} w = \dfrac{1}{\mathrm{tr}\boldsymbol{Q}} = \dfrac{\det(\boldsymbol{N})}{\mathrm{tr}(\boldsymbol{N})} \\[3mm] q = \dfrac{4\det(\boldsymbol{N})}{[\mathrm{tr}(\boldsymbol{N})]^2} \end{cases} \tag{7.6}$$

其中 w 称为特征点的权值；q 称为特征点的圆度；$\det(\boldsymbol{N})$ 代表矩阵 $\boldsymbol{N}$ 的行列式；$\mathrm{tr}(\boldsymbol{N})$ 代表矩阵 $\boldsymbol{N}$ 的迹。

（4）在窗口内求各点的阈值

$$\begin{cases} T_w = 0.5 \sim 0.75 \\[2mm] T_q = \begin{cases} f\bar{w} & (f = 0.5 \sim 1.5) \\ cw_c & (c = 5) \end{cases} \end{cases} \tag{7.7}$$

其中 $\bar{w}$ 是图像中所有像元权值之平均值，w_c 是图像中所有像元权值之中位值。

（5）抑制局部非最大

以权值为依据，在窗口中选取的极值点为特征点，即选取窗口中权值最大者为特征点。

7.1.3　Harris 算子

Harris 算子是 C. Harris 和 M. J. Stephens 在 1988 年提出的一种点特征提取算子。这种算子受信号处理中自相关函数的启发，可以给出图像中某一像素点的自相关矩阵，其特征值是自相关函数的一阶曲率，如果 x、y 两个方向上的曲率值都高，那么就认为该点是角点（图 7.2）。

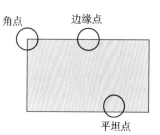

图 7.2　各类特征点示例

（1）角点：最直观的印象就是在水平、竖直两个方向上变化均较大的点。

（2）边缘点：仅在水平或者仅在竖直方向有较大的变化量。

（3）平坦点：在水平和竖直方向的变化量均较小。

Harris 算子检测角度的步骤是：

（1）图像差分

用差分公式对图像滤波，并计算图像中每个像素点的 I_x^2、I_y^2 以及 I_{xy}；

$$\begin{cases} \boldsymbol{f}_x = \begin{bmatrix} 1 & 1 & 0 & -1 & -1 \end{bmatrix} \\ \boldsymbol{f}_y = \begin{bmatrix} 1 & 1 & 0 & -1 & -1 \end{bmatrix}^{\mathrm{T}} \end{cases}$$

$\boldsymbol{I}_x$、$\boldsymbol{I}_y$ 为进行滤波后的矩阵。进行矩阵点乘得到 $\boldsymbol{I}_x^2$、$\boldsymbol{I}_y^2$ 以及 $\boldsymbol{I}_{xy}$ 三个矩阵。

（2）用高斯函数对 $\boldsymbol{I}_x^2$、$\boldsymbol{I}_y^2$ 以及 $\boldsymbol{I}_{xy}$ 三个矩阵进行滤波。

（3）构建 $\boldsymbol{M}$ 矩阵

$$\boldsymbol{M} = \begin{bmatrix} \boldsymbol{I}_x^2 & \boldsymbol{I}_{xy} \\ \boldsymbol{I}_{xy} & \boldsymbol{I}_y^2 \end{bmatrix} \tag{7.8}$$

（4）计算各像素点的兴趣值

利用公式（7.9）计算 Harris 算子的兴趣值。

$$R = \det(\boldsymbol{M}) - K \times \mathrm{tr}^2(\boldsymbol{M}) \tag{7.9}$$

其中，K 为经验值常数，一般在 0.04～0.06 范围内取值。

（5）根据设定的兴趣值阈值判断是否为候选点。

（6）抑制非局部最大值。

利用 Harris 对图 7.3(a)的图像进行角点提取,(b)图像是高斯滤波函数的可视化图像,(c)、(d)图像是两个方向的差分可视化图像,(e)图像是兴趣值可视化图像,(f)是进行根据阈值判别和阈值局部非最大后的检测结果。

（a）原始图像

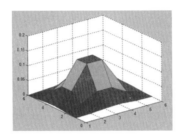

（b）高斯滤波矩阵

（c）x 方向差分图像

（d）y 方向差分图像

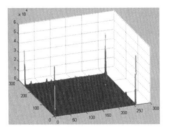

（e）兴趣值图像

（f）检测结果图

图 7.3　Harris 检测角点示例

7.1.4　SUSAN 算子

SUSAN(Smallest Univalue Segment Assimilating Nucleus,最小核值相似区)算子通过统计圆形模板内符合要求的像素数目(本质是一个积分过程)检测角点,计算简便,抗噪能力强,具有旋转和平移不变性。

SUSAN 算法中需先设计一个圆形模板,模板在检测图上进行移动,当移动到某个像素点时,模板内部每个图像像素点的灰度与模板中心像素的灰度进行比较:若模板内某个像素的灰度与模板中心像素灰度的差值小于一定值,则认为该点与核具有相同或相似的灰度。由满足这一条件的像素组成的区域称为吸收核同值区(Univalue Segment Assimilation Nucleus,USAN)。

其中 SUSAN 角点检测的相似比较函数为:

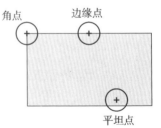

图 7.4　SUSAN 各种点位的特征

$$c(r,r_0)=\begin{cases}1 & |I(r)-I(r_0)|\leqslant t \\ 0 & |I(r)-I(r_0)|>t\end{cases} \tag{7.10}$$

其函数表达的意思:在属于圆形模板中的任何一点的灰度值 $I(r)$ 与圆心的灰度值 $I(r_0)$ 的灰度差值小于等于某个常数 t,则说明该点属于 USAN 区域,其中 t 称为门限阈值。

当圆形模板的每个点进行相似比较后,即可统计得到 r_0 为圆心的 USAN 面积,其数学表达式为

$$n(r_0)=\sum c(r,r_0) \tag{7.11}$$

当圆形模板完全在背景或目标中时,USAN 面积最大,表示在圆模板内的点与圆心的像素值差值很小的点比较多;当圆形模板向边缘移动时,USAN 面积减小,则表示在圆形模板内的点与圆心的像素值差值很小的点逐步减少;当圆心处于边缘时,USAN 面积占模板总面积的一半;当圆心在角点处时,USAN 面积最小(直角角点占四分之一);故将图像上每点的 USAN 面积作为该处特征的显著性度量,USAN 面积越小,特征越显著。

SUSAN 算子检测角点的步骤:

(1) 利用圆形模板遍历图像,根据灰度差阈值 t 计算每点处的 USAN 值;

(2) 设置 USAN 占比阈值 g,一般取值为 $1/4$,进行阈值化,作为候选角点;

(3) 使用非极大值抑制来寻找角点。

7.1.5　FAST 算子

FAST(Features from Accelerated Segment Test,加速分割测试特征)算子是 Rosten 等人在 SUSAN 角点特征检测方法的基础上利用机器学习方法提出的。FAST 算子如其名,计算速度快,可以应用于实时场景中。在 FAST 特征提出之后,实时计算机视觉应用中特征提取性能才有显著改善。目前以其高计算效率(computational performance)、高可重复性(high repeatability)成为计算机视觉领域最流行的角点检测方法。

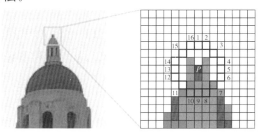

图 7.5　FAST 算子特征环

预设一个灰度差阈值 t，分别计算中间图像素值 I_P 与阈值的差 I_P-t 以及两者的和 I_P+t。将 16 个圆环点与 I_P 进行比较。用式(7.12)计算暗区、相似区和明亮区的个数。

$$S_{P\to x}=\begin{cases}d, & I_{P\to x}\leqslant I_P-t & \text{（暗区）}\\ s, & I_P-t<I_{P\to x}<I_P+t & \text{（相似区）}\\ b, & I_P+t\leqslant I_{P\to x} & \text{（明亮区）}\end{cases}\qquad(7.12)$$

如图 7.5，对像素点 P，以 P 为圆心画一个半径为 3 像素的圆，圆周上有 16 个像素点。只计算这些点和 P 的差异。如果有连续 n 个(一般 $n=12$)像素点与 P 的灰度值的差的绝对值大于阈值，则 P 是 FAST 特征点。为了提高检测的速度，FAST 算子首先对 16 个点中的 1、5、9、13(垂直线和水平线的四个交点)进行预筛选，如果 P 是特征点，那么这 4 个点中至少有 3 个符合阈值要求。如果不符合，则 P 不是特征点。

FAST 算法的主要步骤：

(1) 以像素点 P 为中心，半径为 3 的圆环，提取 16 个像素点(P_1、P_2、$\cdots$、P_{16})。

(2) 定义一个阈值 t。计算 P_1、P_5、P_9、P_{13} 与中心 P 的像素差，若它们的绝对值有至少 3 个超过阈值，则当作候选角点，再进行下一步考察；否则，不可能是角点。

(3) 若 P 是候选点，则计算 P_1 到 P_{16} 这 16 个点与中心 P 的像素差，若它们有至少连续 12 个超过阈值 t，则是角点；否则，不可能是角点。

(4) 抑制非极大值。

7.2　Hough 变换提取特征线

霍夫变换(Hough Transform)是图像处理中的一种特征提取技术，它通过一种投票算法检测具有特定形状的物体。该过程在一个参数空间中通过计算累计结果的局部最大值得到一个符合该特定形状的集合作为霍夫变换结果。霍夫变换于 1962 年由 Paul Hough 首次提出，后于 1972 年由 Richard Duda 和 Peter Hart 推广使用，经典霍夫变换用来检测图像中的直线，后来霍夫变换扩展到任意形状物体的识别，多为圆和椭圆。

霍夫变换运用两个坐标空间之间的变换将在一个空间中具有相同形状的曲线或直线映射到另一个坐标空间的一个点上形成峰值，从而把检测任意形状的问题转化为统计峰值问题。

7.2.1 Hough 提取直线

一条直线在直角坐标系下可以用 $y=kx+b$ 表示，霍夫变换的主要思想是将该方程的参数和变量交换，即用 x,y 作为已知量，k,b 作为变量坐标，所以直角坐标系下的直线 $y=kx+b$ 在参数空间表示为点 (k,b)，而一个点 (x_1,y_1) 在直角坐标系下表示为一条直线 $y_1=x_1 \cdot k+b$，其中 (k,b) 是该直线上的任意点。为了计算方便，我们将参数空间的坐标表示为极坐标下的 d 和 θ。因为同一条直线上的点对应的 (d,θ) 是相同的，因此可以先将图片进行边缘检测，然后对图像上每一个非 0 像素点，在参数坐标下变换为一条直线，那么在直角坐标下属于同一条直线的点便在参数空间形成多条直线并内交于一点。因此可用该原理进行直线检测。

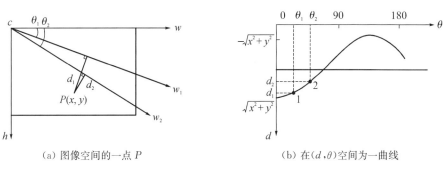

(a) 图像空间的一点 P (b) 在 (d,θ) 空间为一曲线

图 7.6　图像上一点对应于 (d,θ) 空间

图 7.6 中，图(a)是原始图像，图像中一点 $P(x,y)$，当横坐标 w 发生旋转时，P 点到 w 轴的距离 d 与旋转角度 θ 就是一对参数，将 d 和 θ 的值在图 7.6(b)中用曲线表达出来。

图 7.7 中，图(a)是原始图像，图像中一条直线上有很多个点 P_1、P_2、$\cdots$、P_n。对应于图(b)上就有很多条曲线，并且这些曲线交会于一点 (d,θ)。而 (d,θ) 就是图(a)中直线的参数方程。通过在图(b)进行投票的方式就可以提取 (d,θ) 处的位置。

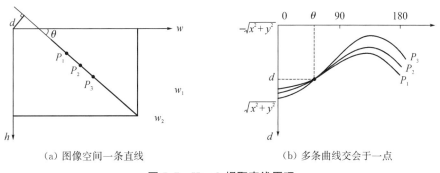

(a) 图像空间一条直线   (b) 多条曲线交会于一点

图 7.7　Hough 提取直线原理

图 7.8 就是利用 Hough 变换进行高速公路路面车道线检测的例子，在图像去噪、边缘提取的基础上得到图 7.8 中的左图，利用 Hough 变换可以得到右图。右图中的每一个亮点对应左图中一条直线，而亮点的坐标(d, θ)就代表了直线的方程。

图 7.8 高速公路车道线检测

7.2.2 Hough 提取圆

圆检测需要确定三个参数：圆心横坐标，圆心纵坐标，半径长度（式(7.13)）。若在三维空间计算，时间很长。

$$(x - x_0)^2 + (y - y_0)^2 = r^2 \tag{7.13}$$

对于上面的方程，当 r 已知时，就变为在图像中检测半径为 r 的圆。问题的关键为检测圆心。

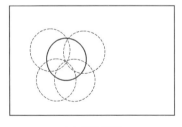
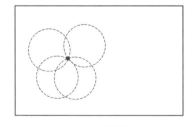

(a) 原始图像   (b) 变换图像

以圆上的点画圆投票   投票点累加，圆心处得票最高

图 7.9 Hough 提取圆原理

如图 7.9 所示，图(a)为原始图像上的一个圆，圆心(x_0, y_0)，半径为 r。以原始图像上每一个圆周上点为圆心，半径为 r 在图(b)上画圆，圆经过的像素点进行累计。那么，可以发现，图(b)上点(x_0, y_0)得票最高，通过最大值提取可以得到点(x_0, y_0)的位置。

图 7.10 为利用 Hough 提取圆的实例，原图中包含圆、三角形和矩形三个图形，经过 Hough 交换后，原图中圆的中心点得票最高，通过阈值提取可以得到圆的坐标，从

而实现圆的提取。

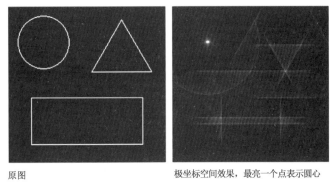

原图　　　　　　　　　　　　　极坐标空间效果，最亮一个点表示圆心

图 7.10　Hough 提取圆示例

1. Hough 交换的实施过程：

（1）对图像应用边缘检测，比如用 Canny 边缘检测。

（2）对边缘图像中的每一个非零点，考虑其局部梯度，即用 Sobel( )函数计算 x 和 y 方向的 Sobel 一阶导数得到梯度。

（3）利用得到的梯度，由斜率指定的直线上的每一个点都在累加器中被累加，这里的斜率是从一个指定的最小值到指定的最大值的距离。

（4）标记边缘图像中每一个非 0 像素的位置。

（5）从二维累加器的这些点中选择候选的中心，这些中心都大于给定阈值并且大于其所有近邻。这些候选的中心按照累加值降序排列，以便于最支持像素的中心首先出现。

（6）接下来对每一个中心，考虑所有的非 0 像素。

（7）这些像素按照其与中心的距离排序。从到最大半径的最小距离算起，选择非 0 像素最支持的一条半径。

（8）如果一个中心收到边缘图像非 0 像素最充分的支持，并且到前期被选择的中心有足够的距离，那么它就会被保留下来。

这个实现可以使算法执行起来更高效，或许更加重要的是，能够帮助解决三维累加器中会产生许多噪声并且使得结果不稳定的稀疏分布问题。

2. OpenCV 中 HoughCircles( )函数详解

HoughCircles 函数可以利用霍夫变换算法检测出灰度图中的圆。它和检测直线的函数 HoughLines 和 HoughLinesP 比较明显的一个区别是它不需要源图是二值的，而 HoughLines 和 HoughLinesP 都需要源图为二值图像。HoughCircles 函数格式如下：

```
void HoughCircles(InputArray image,OutputArray circles, int method,
```

```
double dp, double minDist, double param1= 100, double param2= 100, int
minRadius= 0, int maxRadius= 0)
```

第一个参数，InputArray 类型的 image，输入图像，即源图像，需为 8 位的灰度单通道图像。

第二个参数，OutputArray 类型的 circles，经过调用 HoughCircles 函数后此参数存储了检测到的圆的输出矢量，每个矢量由包含了 3 个元素的浮点矢量（x，y，radius）表示。

第三个参数，int 类型的 method，即使用的检测方法，目前 OpenCV 中就霍夫梯度法一种可以使用，它的标识符为 CV_HOUGH_GRADIENT，在此参数处填这个标识符即可。

第四个参数，double 类型的 dp，用来检测圆心的累加器图像的分辨率与输入图像之比的倒数，且此参数允许创建一个比输入图像分辨率低的累加器。上述文字不好理解的话，来看例子吧。例如，如果 dp＝1 时，累加器和输入图像具有相同的分辨率。如果 dp＝2，累加器便有输入图像一半那么大的宽度和高度。

第五个参数，double 类型的 minDist，为霍夫变换检测到的圆的圆心之间的最小距离，即让我们的算法能明显区分的两个不同圆之间的最小距离。这个参数如果太小的话，多个相邻的圆可能被错误地检测成了一个重合的圆。反之，这个参数设置太大的话，某些圆就不能被检测出来了。

第六个参数，double 类型的 param1，有默认值 100。它是第三个参数 method 设置的检测方法对应的参数。对当前唯一的方法霍夫梯度法 CV_HOUGH_GRADIENT，它表示传递给 Canny 边缘检测算子的高阈值，而低阈值为高阈值的一半。

第七个参数，double 类型的 param2，也有默认值 100。它是第三个参数 method 设置的检测方法对应的参数。对当前唯一的方法霍夫梯度法 CV_HOUGH_GRADIENT，它表示在检测阶段圆心的累加器阈值。它越小的话，就可以检测到更多根本不存在的圆，而它越大的话，能通过检测的圆就更加接近完美的圆形了。

第八个参数，int 类型的 minRadius，有默认值 0，表示圆半径的最小值。

第九个参数，int 类型的 maxRadius，也有默认值 0，表示圆半径的最大值。

```
HoughCircles(
InputArray image,        // 输入图像,必须是 8 位的单通道灰度图像
OutputArray circles,     // 输出结果,发现的圆信息
Int method,              // 方法 - HOUGH_GRADIENT
Double dp,               // dp= 1;
Double mindist,          // 最短距离- 可以分辨是两个圆的,否则认为是同心圆
Double param1,           // canny 边缘检测低阈值
```

```
Double param2,                    // 中心点累加器阈值 - 候选圆心
Int minRadius,                    // 最小半径
Int maxRadius                     // 最大半径
)
```

需要注意的是,使用此函数可以很容易地检测出圆的圆心,但是它可能找不到合适的圆半径。我们可以通过第八个参数 minRadius 和第九个参数 maxRadius 指定最小和最大的圆半径,来辅助圆检测的效果。或者,我们可以直接忽略返回半径,因为它们都有着默认值 0,单单用 HoughCircles 函数检测出圆心,然后用额外的一些步骤来进一步确定半径。

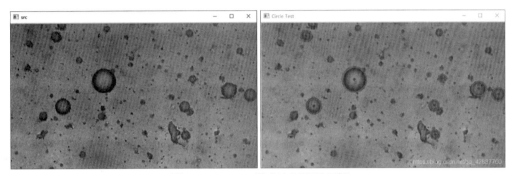

图 7.11　Hough 梯度法提取圆示例

7.2.3　广义 Hough 提取曲线

广义霍夫变换(Generalized Hough Transform)旨在解决不可解析的不规则图形的识别问题。包括两个过程:一、先验信息,也就是我们要事先知道物体长什么样(它具有哪些特征);二、在图片中寻找长得像的物体(寻找相似的特征)。固定待识别物体的方向和尺寸,即保持与模型(先验信息的来源)中的一致。

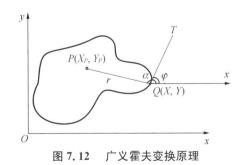

图 7.12　广义霍夫变换原理

坐标系中的图形,它是一个不规则图形;在图形中寻找任一参考点 $P(X_P, Y_P)$,以及边缘点 $Q(X, Y)$;由 P 向 Q 引一条线段,它的长度为 r,角度为 α(与 x 轴正方向

的夹角),用变量 r 和 α 表示 P 和 Q 之间的关系。这就是从模型中学习先验信息,即将模型中的一些特征保存下来;说到特征,就要知道特征点,这里的特征点是图形的所有边缘点。

这里的 φ 是特征点(边缘点)Q 的切线与 x 轴正方向的夹角;显然,φ 不受参考点选取的影响,它是图形的固有属性;因此选取 φ 作为 R-table 的索引。

φ_1: $(r_1,\alpha_1),(r_2,\alpha_2),(r_3,\alpha_3)\cdots$
φ_2: $(r_1,\alpha_1),(r_2,\alpha_2),\cdots\cdots$
φ_3: $(r_1,\alpha_1),(r_2,\alpha_2),(r_3,\alpha_3)\cdots$

图 7.13 R-table 表格式

由于图形是不规则的,一个 φ 可能对应多个 r 和 α;先验信息就是这样保存在 R-table 中的。

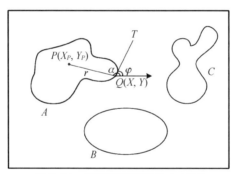

图 7.14 检测相同形状的 A 目标

这里的 (X_P,Y_P) 构造了霍夫(广义的)参数空间,也是目标检测的关键。在新的图像中,寻找和模型一致的图形。

量化参数空间,实际上就构造了用以投票的网格,对于每一个特征点,计算它的 φ,在 R-table 中以 φ 为索引检索对应的 r 和 α(上面提到过,可能对应着多个);对于每一个 (r,α),计算 (X_C,Y_C) 的值,对应的网格的累加器加 1(投票)。

当所有的特征点都计算完成,寻找参数空间中票数大于阈值的网格,我们就认为对该网格投过票的那些特征点为目标边缘,即完成了物体的识别。注意,上图中说的边缘点定位在 (X_C,Y_C) 说的是参数空间内。

广义霍夫变换优点在于:

(1) 广义霍夫变换本质上是一种用于物体识别的方法。

（2）它对部分或轻微变形的形状鲁棒性好（即对遮挡下的识别鲁棒性好）。

（3）对于图像中存在其他结构（即其他线条、曲线等）干扰,鲁棒性好。

（4）抗噪能力强。

（5）一次遍历即可找到多个同类目标。

广义霍夫变换的缺点是,它需要大量的存储和大量的计算（但是它本质上是可并行的）。

7.3 连通域运算

对图像分割运算中利用二值图表达了我们感兴趣的目标。然而,这个二值图还不满足我们要求,主要问题在于:一是图像噪声造成很多干扰,如图像中的散点;二是分割出的对象存在多样性,有的是我们关注的,有的是我们不关心的,需要通过其他特征进行筛选;三是对象存在空洞,影响了后期的特征提取。这时,我们需要通过连通域算法,找到图像中各个独立的封闭区间,甚至提取其轮廓特征,为目标识别和追踪提供了思路。也就是将图像中的各个目标区别开来,这种区别图像对象的方法采用连通域运算来进行。

连通域算法一般有四邻域和八邻域两种定义。四邻域指以检测点为中心的上下左右4个方向为其可能连通域,八邻域指以监测点为中心的上下左右,左上,右上,左下,右下8个方向为其可能连通域。

1）四邻域标记算法

四邻域标记算法有4个步骤。

（1）针对标记为1的点,判断此点四邻域中的左边、上边有没有点,如果都没有点,则表示一个新的区域的开始。

（2）如果此点四邻域中的左边有点,上边没有点,则该点标记与左边的值相同;如果此点四邻域中的左边没有点,上边有点,则该点标记与上边的值相同。

（3）如果此点四邻域中的左边、上边都有点,则该点标记为左边和上边中最小的标记,并修改前面的大标记为小标记。

（4）将图像内所有点遍历一遍。

2）八邻域标记算法

八邻域标记算法有如下4个步骤。

（1）针对标记为1的点,判断此点八邻域中的左边,左上,上边,上右四个点的情况。如果都没有点,则表示一个新的区域的开始。

（2）如果此点八邻域中的左边有点、上右也有点,则标记此点为这两个中的最小的标记点,并修改大标记为小标记。

（3）如果此点八邻域中的左上有点、上右也有点,则标记此点为这两个中的最小的标记点,并修改大标记为小标记。

（4）否则按照左边,左上,上边,上右的顺序,标记此点为四个中的一个。

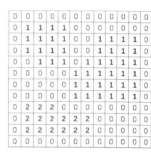

（a）二值化图像　　　　　（b）四邻域标记算法　　　　（c）八邻域标记算法

图 7.15　图像的邻域标记算法

对图 7.15(a)的二值图进行邻域运算,(b)和(c)为邻域运算的结果。

7.4　几何特征

图像的特征主要有图像的颜色特征、纹理特征、几何特征和空间关系特征。其中,几何特征在物体识别、检测领域有非常重要的作用。图像的几何特征是指图像中物体的位置、方向、周长和面积等方面的特征。尽管几何特征比较直观和简单,但在许多图像分析中可以发挥重要的作用。

7.4.1　位置

一般情况下,图像中的物体通常并不是一个点,因此,采用物体或区域面积的中心点作为物体的位置。中心点的坐标为

$$\begin{cases} \bar{x} = \dfrac{1}{NM} \displaystyle\sum_{i=0}^{N-1} \sum_{j=0}^{M-1} x_i \\ \bar{y} = \dfrac{1}{NM} \displaystyle\sum_{i=0}^{N-1} \sum_{j=0}^{M-1} y_i \end{cases} \tag{7.14}$$

7.4.2　方向

如果物体是细长的,则可以将较长方向的轴定义为物体的方向。如图 7.16 所示。通常,将最小二阶矩轴定义为较长物体的方向。也就是说,要找出一条直线,使物体具有最小惯量,即:

$$E = \iint r^2 f(x, y) \, \mathrm{d}x \, \mathrm{d}y \tag{7.15}$$

有时,若区域或物体的边界已知,则可以采用区域的最小外接矩形(Minimum Enclosing Rectangle,MER)的尺寸来描述该区域的基本形状,如图 7.16 所示,a 为长轴长,b 为短轴长。我们可以先提取包围目标的最小矩形,矩形长边的方向就是物体的方向。

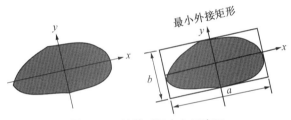

图 7.16　长轴以及方向示意图

7.4.3　周长

图像内某一物体或区域的周长是指该物体或区域的边界长度。一个形状简单的物体用相对较短的周长来包围它所占有面积内的像素,即周长是围绕所有这些像素的外边界的长度。

计算周长常用的 4 种方法:缝隙长度、边界链码长度、边界面积、缝隙削角长度。

1) 缝隙长度

若将图像中的像素视为单位面积小方块时,则图像中的区域和背景均由小方块组成。区域的周长即为区域和背景缝隙的长度之和,此时边界用隙码表示,计算出隙码的长度就是物体的周长。如图 7.18(a)所示图形,边界用隙码表示时,周长为 24。

2) 边界链码长度

当提取出图像的边缘以后,常用边界链码来表示图像的边界,这时,图像的周长可用链码表示,求周长也就是计算链码的长度。如图 7.18(b)所示,图形边界用链码表示时,周长为 $p=10+5\sqrt{2}$ 。

3）边界面积

周长用边界所占面积表示时,周长即物体边界点数之和,其中每个点为占面积为 1 的一个小方块。如图 7.17(c)所示图形,边界以面积表示时,物体的周长为 15。

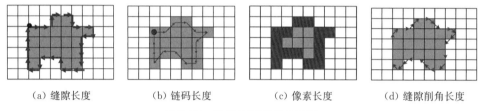

| （a）缝隙长度 | （b）链码长度 | （c）像素长度 | （d）缝隙削角长度 |

图 7.17　检测相同形状的周长

4）缝隙削角长度

针对缝隙长度比实际周长大的问题,可以对缝隙长度进行修正,如图 7.17(d)所示,对直角缝隙进行削角处理,得到缝隙削角长度,示例中的长度为 18.9。

7.4.4　面积

面积是衡量物体所占范围的一种方便的客观度量。面积与其内部灰度级的变化无关,而完全由物体或区域的边界决定。同样面积条件下,一个形状简单的物体其周长相对较短。

1）像素计数法

最简单的面积计算方法是统计边界及其内部像素的总数。根据面积的像素计数法的定义方式,求出物体边界内像素点的总和即为面积。

2）边界行程码

面积的边界行程码计算法可分如下两种情况:
(1) 若已知区域的行程编码,则只需将值为 1 的行程长度相加,即为区域面积;
(2) 若给定封闭边界的某种表示,则相应连通区域的面积为区域外边界包围的面积与内边界包围的面积(孔的面积)之差。

3）边界坐标计算法

面积的边界坐标计算法是采用格林公式进行计算，在 xOy 平面上，一条封闭曲线所包围的面积为：

$$A = \frac{1}{2} \oint (x\,\mathrm{d}y - y\,\mathrm{d}x) \tag{7.16}$$

离散化为：

$$A = \frac{1}{2} \sum_{i=1}^{n} (x_i + x_{i+1})(y_{i+1} - y_i) \tag{7.17}$$

7.4.5 距离

图像中两点 P_1 和 P_2 之间的距离是重要的几何性质之一，测量距离常用的 3 种方法如下：

1）欧几里得距离

$$d_{\Omega}(P_1, P_2) = \sqrt{(x_1 - x_2)^2 + (y_1 - y_2)^2} \tag{7.18}$$

2）市区距离

$$d_4(P_1, P_2) = |x_1 - x_2| + |y_1 - y_2| \tag{7.19}$$

3）棋盘距离

$$d_8(P_1, P_2) = \max(|x_1 - x_2|, |y_1 - y_2|) \tag{7.20}$$

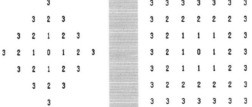

图 7.18 市区距离和棋盘距离

图 7.18 分别表示市区距离和棋盘距离的含义。

7.5 形状特征

图像的形状特征是区别图像目标的直观反映,各种基于形状特征的检索方法都可以有效地利用图像中感兴趣的目标来进行检索。形状特征描述了目标局部的性质。常用的特征提取与匹配方法包括以下内容。

7.5.1 矩形度

物体的矩形度指物体的面积与其最小外接矩形的面积之比值。如图 7.19 所示,矩形度反映了一个物体对其外接矩形的充满程度。

矩形度的定义:

$$R = \frac{A_0}{A_{\mathrm{MER}}} \tag{7.21}$$

式中,A_0 是目标的面积,A_{MER} 是最小外接矩形的面积。目标的矩形度取值在 0~1 之间,其值越接近 1,目标越接近矩形。

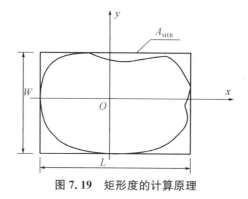

图 7.19 矩形度的计算原理

7.5.2 宽长比

宽长比是指物体的最小外接矩形的宽与长之比值。目标的宽长比取值在 0~1 之间,其值越接近 1,目标越接近正方形。

7.5.3　圆形度

圆形度可以用来刻画物体边界的复杂程度,圆形度包括周长平方面积比、边界能量、圆形性、面积与平均距离平方之比值等。

若目标的周长是 C、面积是 S,则目标的圆形度 m 的计算公式是用面积 S 除以周长 C 所构成的圆的面积,即

$$m = \frac{S}{S_0} = \frac{S}{\pi r_0^2} = \frac{S}{\pi\left(\dfrac{C}{2\pi}\right)^2} = \frac{4\pi S}{C^2} \tag{7.22}$$

目标的圆形度取值在 $0 \sim 1$ 之间,其值越接近 1,目标越接近圆。

7.5.4　偏心率

偏心率(Eccentricity)又称为伸长度(Elongation),它是区域形状的一种重要描述方法。偏心率在一定程度上反映了一个区域的紧凑性。偏心率有多种计算公式,一种常用的计算方法是区域长轴(主轴)长度与短轴(辅轴)长度的比值,如图 7.20 所示,即

$$E = \frac{A}{B} \tag{7.23}$$

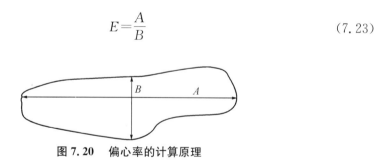

图 7.20　偏心率的计算原理

7.5.5　边界链码

链码是对区域边界点的一种编码表示方法。该方法主要是利用一系列具有特定长度和方向的相连的直线段来表示目标的边界。由于每个线段的长度固定而方向数目有限,即仅有边界的起点需要采用绝对坐标表示,其余点可只用接续方向来代表偏移量,并且每一个点只需一个方向数就可以代替两个坐标值,因此采用链码表示可大大减少边界表示所需的数据量。

1）边界链码的表示

最简单的链码是跟踪边界并赋给每两个相邻像素的连线一个方向值。常用的有 4 方向和 8 方向链码，如图 7.21 所示。当在目标边界选择一个起点 S 时，根据边界的走向将链码连接起来，称为该目标的边界链码。

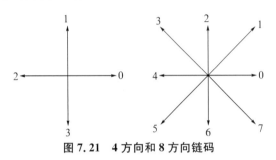

图 7.21　4 方向和 8 方向链码

以图 7.22 的目标为例，以右下角 S 点为起点，当起点 S 位于第 8 行第 8 列时，沿边界逆时针走势的链码表示如下。

若采用 4 方向，则链码为：

(8,8) 1 1 1 1 1 2 2 3 2 3 2 3 2 3 3 0 0 0 0 0；

若采用 8 方向，则链码为：

(8,8) 2 2 2 2 2 4 4 5 5 5 6 6 0 0 0 0 0；

使用链码时，起点的选择常常很关键。对同一个边界，如用不同的边界点作为链码的起点，得到的链码则是不同的。为解决这个问题可采用归一化链码表示方法，具体方法如下：

（1）给定一个从任意点开始产生的链码，先将它视为一个由各方向数组成的自然数；

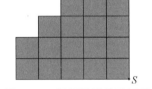

图 7.22　目标边界链码示例

（2）将这些方向数依一个方向循环，以使它们所构成的自然数的值最小；

（3）将这样转换后所对应的链码起点作为该区域边界的归一化链码的起点。

2）差分链码的表示

采用链码表示物体或区域边界的主要优点是当目标平移时，边界链码不会发生变化，而不足之处是，当区域旋转时则链码会发生变化。为解决旋转时链码变化的问题，可以采用链码旋转归一化处理方法，即应用原始链码的一阶差分来重新构造一个表示原链码各段之间方向变化的新序列（如图 7.23 所示）。差分可用相邻两个方向数按反方向相减,所谓反方向即后一个减去前一个求取差分。

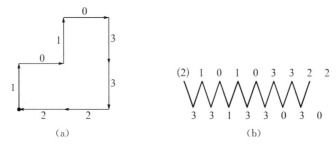

图7.23　一阶差分链码示例

7.6　本章部分程序代码

```
//harris 检测特征点
public int[,] HarrisDetect(int[,] a, double t1)
{
    int height = a.GetLength(0);
    int width = a.GetLength(1);
    int[,] result = new int[height, width];
    double[,] R = new double[height, width];
    for (int i = 0; i < height; i++)
    {
        for (int j = 0; j < width;j++)
        {
            R[i, j] = 0.0;
            result[i, j] = 0;
        }
    }
    double Rmax = 0;
    double[] fx = {-2, -1, 0, 1, 2};
    double[] fy = {-2, -1, 0, 1, 2};
    double[,] b = MatToDouble(a);
    double[,] IX = GetIx(b, fx);
    double[,] IY = GetIy(b, fy);
    double[,] IX2 = MatDotProduct(IX, IX);
    double[,] IY2 = MatDotProduct(IY, IY);
    double[,] IXY = MatDotProduct(IX, IY);
    double[,] h = Gaussian(1.6, 5);
    IX2 = Filter2Mat(IX2, h);
    IY2 = Filter2Mat(IY2, h);
    IXY = Filter2Mat(IXY, h);
    for (int i = 0; i < height; i++)
```

```
        {
            for (int j = 0; j < width;j++)
            {
                double[,] M= { { IX2[i, j], IXY[i, j] }, { IXY[i,
j] } };
                R[i, j] = (IX2[i, j] * IY2[i, j]- IXY[i, j] * IXY[i, j]) -
0.05 * (IX2[i, j]+ IY2[i, j]) * (IX2[i, j]+ IY2[i, j]);
                if (R[i, j] > Rmax)
                {
                    Rmax = R[i, j];
                }
            }
        }
        int cnt = 0;                      // 记录点数
        for (int i = 1; i < height - 1; i++)
        {
            for (int j = 1; j < width - 1;j++)
            {
                if (R[i, j] > t1 && R[i, j] > R[i- 2, j- 2] && R[i, j] > R[i
- 2, j- 1] && R[i, j] > R[i- 2, j] && R[i, j] > R[i- 2, j+ 1] && R[i, j] >
R[i- 2, j+ 2]&&R[i, j] > R[i- 1, j- 2] && R[i, j] > R[i- 1, j- 1] && R[i,
j] > R[i- 1, j] && R[i, j] > R[i- 1, j+ 1] && R[i, j] > R[i- 1, j+ 2]&&R[i,
j] > R[i, j- 2] && R[i, j] > R[i, j- 1] && R[i, j] > R[i, j+ 1] && R[i, j]
> R[i, j+ 2]&&R[i, j] > R[i+ 1, j- 2] && R[i, j] > R[i+ 1, j- 1] && R[i,
j] > R[i+ 1, j] && R[i, j] > R[i+ 1, j+ 1] && R[i, j] > R[i+ 1, j+ 2]&&R[i,
j] > R[i+ 2, j- 2] && R[i, j] > R[i+ 2, j- 1] && R[i, j] > R[i+ 2, j] &&
R[i, j] > R[i+ 2, j+ 1] && R[i, j] > R[i+ 2, j+ 2])
                {
                    result[i, j] = 255;
                    cnt = cnt+ 1;
                }
            }
        }
        return result;
    }
    // 水平卷积
    public double[,]GetIX(double[,] gray, double[] fx)
                                              // 计算滤波的函数
    {
        int height = gray.GetLength(0);                // 行数
        int width = gray.GetLength(1);                 // 列数
        int wide2 = fx.GetLength(0);
        int u = (wide2 - 1) / 2;
        double[,] IX = new double[height, width];
        for (int i = 0; i < height; i++)
```

```
    {
        for (int j = 0; j < width;j++)
        {
            IX[i, j] = 0.0;
        }
    }
    for (int i = 0; i < height; i++)
    {
        for (int j = u; j < width - u;j++)
        {
            for (int k = - u; k < = u; k++)
            {
                IX[i, j] + = gray[i, j+ k] * fx[u+ k];
            }
        }
    }
    return IX;
}
```

// 垂直卷积
```
public double[,]GetIY(double[,] gray, double[] fy) // 获取 IY2 矩阵,
fy = [- 2; - 1;0;1;2]
{
    int height = gray.GetLength(0);              // 行数
    int width = gray.GetLength(1);               // 列数
    int height2 = fy.GetLength(0);
    int u = (height2 - 1) / 2;
    double[,] IY = new double[height, width];
    for (int i = 0; i < height; i++)
    {
        for (int j = 0; j < width;j++)
        {
            IY[i, j] = 0.0;
        }
    }
    for (int i = u; i < height - u; i++)
    {
        for (int j = 0; j < width;j++)
        {
            for (int k = - u; k < = u; k++)
            {
                IY[i, j] + = gray[i+k, j] * fy[u+k];
            }
        }
    }
}
```

```
        return IY;
    }
    // 矩阵点乘
    public double[,]MatDotProduct(double[,] I1, double[,] I2)
                                                    // 获取矩阵
    {
        int height = I1.GetLength(0);                // 行数
        int width = I1.GetLength(1);                 // 列数
        double[,] I3 = new double[height, width];
        for (int i = 0; i < height; i++)
        {
            for (int j = 0; j < width;j++)
            {
                I3[i, j] = I1[i, j] * I2[i, j];
            }
        }
        return I3;
    }

//Canny算子
    public int[,] CannyDetect(int[,] a, double t1, double t2)
    {
        int height = a.GetLength(0);
        int width = a.GetLength(1);
        int[,] result = new int[height, width];
        double[,] grad = new double[height, width];
        int[,] direct = new int[height, width];
        for (int i = 0; i < height; i++)
        {
        for (int j = 0; j < width;j++)
        {
            grad[i, j] = 0.0;
            direct[i, j] = 0;
            result[i, j] = 0;
        }
        }
        double[,] b = MatToDouble(a);
        double[,] h = Gaussian(2, 5);
        double[,] ah = Filter2Mat(b, h);
        double max = 0;
        double gradx, grady, alf;
        for (int i = 3; i < height - 3; i++)
        {
            for (int j = 3; j < width - 3;j++)
            {
```

```
            gradx = - ah[i- 1, j- 1]- 2 * ah[i, j- 1]- ah[i+ 1, j- 1]
+ ah[i- 1, j+ 1]+ 2 * ah[i, j+ 1]+ ah[i+ 1, j+ 1];
            grady = - ah[i- 1, j- 1]- 2 * ah[i- 1, j]- ah[i- 1, j+ 1]
+ ah[i+ 1, j- 1]+ 2 * ah[i+ 1, j]+ ah[i+ 1, j+ 1];
                grad[i, j]= Math.Sqrt(gradx * gradx+ grady * grady);
                if (grad[i, j] > max) max = grad[i, j];
                if (gradx = = 0)
                {
                    if (grady ! = 0)
                    {
                        direct[i, j]= 1;
                    }
                    else
                    {
                        direct[i, j]= 0;
                    }
                }
                else
                {
                    alf = Math.Atan(grady / gradx) * 180 / Math.PI;
                    if (Math.Abs(alf) > = 67.5)
                    {
                        direct[i, j]= 1;//垂直方向
                    }
                    else if (alf > = 22.5 && alf < = 67.5)
                    {
                        direct[i, j]= 2;//45°方向
                    }
                    else if (Math.Abs(alf) < = 22.5)
                    {
                        direct[i, j]= 3;// 水平方向
                    }
                    else
                    {
                        direct[i, j]= 4;//135°方向
                    }
                }
            }
        }
    }
    // 在梯度方向上梯度值大于相邻两个梯度值的为边缘
    double left = 0.0, right = 0.0;
    // 双阈值判定
    int cnt = 0; // 记录点数
    double low = t1 * max, high = t2 * max;
```

```
for (int i = 1; i < height - 1; i++)
{
    for (int j = 1; j < width - 1; j++)
    {
        switch (direct[i, j])
        {
            case 1:
                left = grad[i - 1, j];
                right = grad[i + 1, j];
                break;
            case 2:
                left = grad[i + 1, j - 1];
                right = grad[i - 1, j + 1];
                break;
            case 3:
                left = grad[i, j - 1];
                right = grad[i, j + 1];
                break;
            case 4:
                left = grad[i - 1, j - 1];
                right = grad[i + 1, j + 1];
                break;
        }
        if ((grad[i, j] < left) || (grad[i, j] < right))
        {
            result[i, j] = 0;
        }
        else
        {
            if (grad[i, j] <= low) // 小于高阈值，非边缘点
            {
                result[i, j] = 0;
            }
            if ((grad[i, j] > high)) // 大于高阈值，是边缘点
            {
                result[i, j] = 255;
                cnt = cnt + 1;
            }
            if ((grad[i, j] > low) && (grad[i, j] < high))
                                                // 两阈值之间
            {
                if (grad[i - 1, j - 1] > high|| grad[i - 1, j] > high
|| grad[i - 1, j + 1] > high|| grad[i, j - 1] > high|| grad[i, j + 1] > high||
grad[i + 1, j - 1] > high|| grad[i + 1, j] > high|| grad[i + 1, j + 1] > high)
                {
```

```
                        result[i, j] = 255;
                        cnt = cnt + 1;
                    }
                    else
                    {
                        result[i, j] = 0;
                    }
                }
            }
        }
        return result;
    }


public int[,] GetHough(int[,] a)
    {
        int height = a.GetLength(0);
        int width = a.GetLength(1);
        int h2 = 2 * (int)Math.Sqrt(height * height + width * width);
        int w2 = 180;
        int[,] result = new int[h2, w2];
        inti, j, k;
        for (i = 0; i < h2; i++)
        {
            for (j = 0; j < w2; j++)
            {
                result[i, j] = 0;
            }
        }
        for (i = 0; i < height; i++)
        {
            for (j = 0; j < width; j++)
            {
                if (a[i, j] == 0) continue;
                for (k = 0; k < 180; k++)
                {
                    double thta = (double)k * Math.PI / 180;
                    double d = i * Math.cos(thta) - j * Math.sin(thta);
                    int ii = (int)d + h2 / 2;
                    result[ii, k] = result[ii, k] + 1;
                }
            }
        }
        return result;
    }
```

习　　题

1. 通过例子说明 Harris 算子如何用于检测图像中的角点、边缘等特征点，并讨论其对图像噪声的鲁棒性。

2. 解释 SUSAN 算子在检测图像中边界点和角点方面的优势及其计算方法。

3. 讨论 FAST 算子在角点检测中的速度和准确性，并比较其与其他角点检测算子的区别。

4. 描述如何使用 Hough 变换检测图像中的直线，并解释其对图像噪声的敏感性。

5. 解释如何通过 Hough 变换在图像中识别圆形，并讨论确定圆心和半径的方法。

6. 讨论广义 Hough 变换如何用于检测图像中的任意形状的曲线，并解释其原理。

7. 解释连通域运算如何用于图像分析，并讨论其在图像分割中的应用。

8. 描述如何从图像中提取特征点的位置信息，并讨论位置信息的重要性。

9. 解释如何确定图像中特征点的方向，并讨论方向特征在图像识别中的应用。

10. 讨论如何计算图像中连通域的周长，并解释周长特征在形状分析中的作用。

11. 描述如何测量图像中连通域的面积，并讨论面积特征在对象识别中的重要性。

12. 讨论矩形度特征如何用于评估图像中对象的矩形相似性，并解释其计算方法。

13. 解释如何确定图像中对象的圆形度，并讨论圆形度特征在圆形对象检测中的应用。

14. 描述如何从图像中对象的边界提取链码，并讨论链码在形状描述中的应用。

◇ 第八章
　基于图像的三维信息感知

计算机视觉是一门研究如何使机器"看"的科学，更进一步地说，就是指用摄影机和电脑代替人眼对目标进行识别、跟踪和测量等，并进一步做图形处理，用电脑处理成为更适合人眼观察或传送给仪器检测的图像。二维图像是将三维空间信息压缩在二维平面内显示出来，对于许多场合，我们需要知道空间目标的三维信息。例如智慧交通中，车载摄像机需要判断车辆周围的其他目标距离车辆的远近、路侧监控设备也需要了解监控范围内的车辆密度和拥堵情况。这就要求我们从二维图像中提取三维信息。

计算机视觉和摄影测量在利用图像获取三维信息方面都取得了很大的成果。计算机视觉分为光度视觉、几何视觉和语义视觉三个层次。光度视觉是使用多个光源依次照射物体、利用物体表面亮度的差异来对物体表面进行三维重建，所以光度视觉更多的是用图像处理手段实现三维建模。几何视觉是从空间解析几何的角度对被摄物体进行精细建模，它侧重于像片与被摄物体之间的几何关系，方法直观、明确，是目前机器视觉的主要方法。语义视觉则对被摄物体的特征进行语义描述，利用已经获得的知识对被摄图像进行识别。

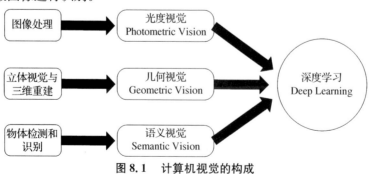

图8.1　计算机视觉的构成

8.1 计算机视觉坐标系及其转换

8.1.1 计算机视觉坐标系

计算机视觉系统包含四个坐标系统:像素坐标系、图像坐标系、相机坐标系、世界坐标系,见图 8.2,其定义方法如下:

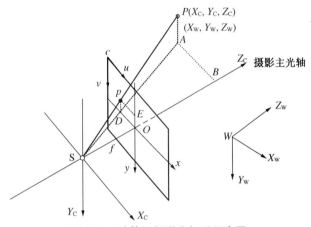

图 8.2 计算机视觉坐标系示意图

1) 像素坐标系 c-uv

以图像左上角 c 点为原点,图像宽度向右方向为 u 轴,图像高度向下方向为 v 轴,任意像点 $p(u,v)$ 的坐标单位为像素。

2) 图像坐标系 O-xy

以相机物镜中心 S 在图像上的垂足 O 为原点,坐标轴 x、y 轴与像素坐标系的 u、v 轴平行,任意像点 $p(x,y)$ 的坐标单位为长度单位,一般用 mm 为单位。

3) 相机坐标系 S-$X_C Y_C Z_C$

以相机物镜中心 S 为原点,坐标轴 X_C、Y_C 轴与图像坐标系的 x、y 轴平行,坐标轴 Z_C 作为主光轴方向。像点 p 在相机坐标系中表示为 (x,y,f),空间点 P 在相机坐标系中表示为 (X_C,Y_C,Z_C)。

4) 世界坐标系 W-$X_W Y_W Z_W$

以世界空间内的一点 W 为原点,根据实际工作需要定义的空间坐标系,空间点 P

在世界坐标系中表示为(X_w, Y_w, Z_w),为右手系坐标系统。

8.1.2 坐标转换

1）像点 p 与空间点 P 在各坐标系中的表示（表8.1）

表8.1 视觉坐标系及其表达

坐标系	像点 p	空间点 P	物镜中心 S
像素坐标系 $c\text{-}uv$	(u,v)	—	—
图像坐标系 $O\text{-}xy$	(x,y)	—	—
相机坐标系 $S\text{-}X_cY_cZ_c$	(x,y,f)	(X_c,Y_c,Z_c)	$(0,0,0)$
世界坐标系 $W\text{-}X_wY_wZ_w$	—	(X_w,Y_w,Z_w)	(X_s,Y_s,Z_s)

2）相机的参数

在图像测量过程以及机器视觉应用中,为确定空间物体表面某点的三维几何位置与其在图像中对应点之间的相互关系,必须建立相机成像的几何模型,这些几何模型参数就是相机参数。在大多数条件下这些参数必须通过实验与计算才能得到,这个求解参数的过程就称之为相机标定（或摄像机标定）

（1）相机内参数

相机内参数是与相机自身特性相关的参数,主要包括相机的焦距 f、像素大小 $(d_x、d_y)$ 和相机物镜中心在图像上的垂直位置 $(u_0、v_0)$。

（2）相机外参数

相机外参数是拍摄相片时相机在世界坐标系中的参数,主要是指相机的三维位置参数和三个姿态参数。三个位置参数可以表示为世界坐标系原点 W 在相机坐标系 $S\text{-}X_cY_cZ_c$ 中的坐标 $t = \begin{bmatrix} T_X & T_Y & T_Z \end{bmatrix}^T$,或相机坐标系原点 S 在世界坐标系 $W\text{-}X_wY_wZ_w$ 中的坐标 $\begin{bmatrix} X_S & Y_S & Z_S \end{bmatrix}^T$。

（3）畸变参数

摄像机畸变主要包含径向畸变和切向畸变（如图8.4）。

径向畸变:产生原因是光线在远离透镜中心的地方比靠近中心的地方更加弯曲,径向畸变主要包含桶形畸变和枕形畸变两种（图8.4）。

切向畸变:切向畸变是由于制造工艺缺陷导致的镜头与成像平面不平行造成的。也就是透镜不完全平行于图像平面,这种现象发生于成像仪被粘贴在摄像机的时候。

$$\begin{cases} \bar{x} = x + \Delta x \\ \bar{y} = y + \Delta y \end{cases} \tag{8.1}$$

式中，$\bar{x}$、$\bar{y}$ 表示畸变改正以后 p 点的正确坐标。

$$\begin{cases} \Delta x = k_1 x r^2 + k_2 x r^4 + k_3 x r^6 + 2p_1 xy + p_2(r^2 + 2x^2) \\ \Delta y = k_1 y r^2 + k_2 y r^4 + k_3 y r^6 + p_1(r^2 + 2y^2) + 2p_2 xy \end{cases} \tag{8.2}$$

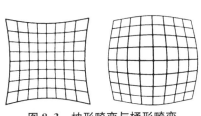

图 8.3　枕形畸变与桶形畸变

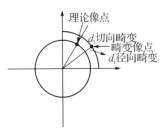

图 8.4　径向畸变与切向畸变

实际工作中可以根据适用情况旋转畸变参数的个数。对于高精度的测量定位工作，需要考虑公式(8.2)中的 5 个参数，但是实际情况是切向畸变远远小于径向畸变，因此也可以只考虑径向畸变。根据笔者在工业图像测量中的实践，径向畸变参数 k_1 影响很大，用户可以根据实际使用场景只考虑 k_1 参数。

3）旋转矩阵

相机外参数中的三个姿态角表示相机坐标系与世界坐标系直角旋转关系，世界坐标系经过三次角度旋转，使得三个坐标轴与相机坐标系相一致。

表 8.2　姿态角的意义及其转换矩阵

姿态角类型	侧滚角 φ	俯仰角 ω	自转角 κ
旋转轴	Y_W	X_W	Z_W
旋转图			
转换公式	$\begin{cases} X_C = X_W \cos\varphi + Z_W \sin\varphi \\ Z_C = -X_W \sin\varphi + Z_W \cos\varphi \end{cases}$	$\begin{cases} Y_C = Y_W \cos\omega + Z_W \sin\omega \\ Z_C = -Y_W \sin\omega + Z_W \cos\omega \end{cases}$	$\begin{cases} X_C = X_W \cos\kappa + Y_W \sin\kappa \\ Y_C = -X_W \sin\kappa + Y_W \cos\kappa \end{cases}$
转换矩阵	$\boldsymbol{R}_\varphi = \begin{bmatrix} \cos\varphi & 0 & \sin\varphi \\ 0 & 1 & 0 \\ -\sin\varphi & 0 & \cos\varphi \end{bmatrix}$	$\boldsymbol{R}_\omega = \begin{bmatrix} 1 & 0 & 0 \\ 0 & \cos\omega & \sin\omega \\ 0 & -\sin\omega & \cos\omega \end{bmatrix}$	$\boldsymbol{R}_\kappa = \begin{bmatrix} \cos\kappa & \sin\kappa & 0 \\ -\sin\kappa & \cos\kappa & 0 \\ 0 & 0 & 1 \end{bmatrix}$

首先,世界坐标系的 $X_wY_wZ_w$ 坐标轴绕 Y_w 轴旋转 φ;然后绕旋转后的 X_w 轴旋转 ω;最后绕两次旋转后的 Z_w 轴旋转 κ。这时 $X_wY_wZ_w$ 坐标系就与相机坐标系 $X_cY_cZ_c$ 坐标轴平行。三次旋转的旋转公式和旋转矩阵见表 8.2 中所示。

三个姿态角构成的旋转矩阵 $\boldsymbol{R}$ 是由三个角度参数构成的旋转矩阵。三个旋转角分别为侧滚角 φ、俯仰角 ω 和旋转角 κ。$\boldsymbol{R}$ 的计算公式是:

$$\boldsymbol{R}=\boldsymbol{R}_\kappa\boldsymbol{R}_\omega\boldsymbol{R}_\varphi=\begin{bmatrix} \cos\kappa & \sin\kappa & 0 \\ -\sin\kappa & \cos\kappa & 0 \\ 0 & 0 & 1 \end{bmatrix}\cdot\begin{bmatrix} 1 & 0 & 0 \\ 0 & \cos\omega & \sin\omega \\ 0 & -\sin\omega & \cos\omega \end{bmatrix}\cdot$$

$$\begin{bmatrix} \cos\varphi & 0 & \sin\varphi \\ 0 & 1 & 0 \\ -\sin\varphi & 0 & \cos\varphi \end{bmatrix}=\begin{bmatrix} a_1 & b_1 & c_1 \\ a_2 & b_2 & c_2 \\ a_3 & b_3 & c_3 \end{bmatrix} \tag{8.3}$$

8.2 计算机视觉基本公式

8.2.1 像点像素坐标系到图像坐标系

图像上一点 p 的像素坐标系与图像坐标系的关系如式(8.4)。

$$\begin{cases} x=(u-u_0)d_x \\ y=(v-v_0)d_y \end{cases} \tag{8.4}$$

其中,d_x、d_y 是单位像素的大小,也可写成

$$\begin{cases} u=\dfrac{x}{d_x}+u_0 \\ v=\dfrac{y}{d_y}+v_0 \end{cases} \tag{8.5}$$

这里举例说明 d_x、d_y 是不相同的例子,在表 8.3 中,列出了佳能 6D Mark Ⅱ 相机和索尼 Alpha 7R Ⅳ 相机的计算方法,在实际使用过程中,沿行列方向的像点的间距是有区别的。

表 8.3 两种相机的 d_x、d_y

相机类型	传感器尺寸/mm×mm	最高分辨率	$d_x/\mu m$	$d_y/\mu m$	备注
索尼 Alpha 7R Ⅳ	35.7×23.8	9 504×6 336	3.76	3.76	d_x、d_y 相同
佳能 6D Mark Ⅱ	35.9×24	6 240×4 160	5.75	5.77	d_x、d_y 不相同

用齐次方程可将式(8.6)表示成式(8.7)。

$$
\begin{bmatrix} u \\ v \\ 1 \end{bmatrix} = \begin{bmatrix} \dfrac{1}{d_x} & 0 & u_0 \\ 0 & \dfrac{1}{d_y} & v_0 \\ 0 & 0 & 1 \end{bmatrix} \cdot \begin{bmatrix} x \\ y \\ 1 \end{bmatrix} \tag{8.6}
$$

也有很多资料将式(8.7)表示成

$$
\begin{bmatrix} u \\ v \\ 1 \end{bmatrix} = \begin{bmatrix} \dfrac{1}{d_x} & s & u_0 \\ 0 & \dfrac{1}{d_y} & v_0 \\ 0 & 0 & 1 \end{bmatrix} \cdot \begin{bmatrix} x \\ y \\ 1 \end{bmatrix} \tag{8.7}
$$

其中的区别在于多了一个 s,代表了像素坐标系中行列方向不完全垂直产生的误差,也是相机的内参数之一,本教材不予考虑。

8.2.2　空间点从世界坐标系到相机坐标系

图 8.2 中,空间点 P 的世界坐标系坐标 $\begin{bmatrix} X_W & Y_W & Z_W \end{bmatrix}^{\mathrm{T}}$ 到相机坐标系 $\begin{bmatrix} X_C & Y_C & Z_C \end{bmatrix}^{\mathrm{T}}$ 转换经历了外参数空间旋转 $\boldsymbol{R}$ 和外参数平移 $\begin{bmatrix} T_X & T_Y & T_Z \end{bmatrix}^{\mathrm{T}}$ 的过程,即

$$
\begin{bmatrix} X_C \\ Y_C \\ Z_C \end{bmatrix} = \boldsymbol{R}_\kappa \boldsymbol{R}_\omega \boldsymbol{R}_\varphi \begin{bmatrix} X_W \\ Y_W \\ Z_W \end{bmatrix} + \begin{bmatrix} T_X \\ T_Y \\ T_Z \end{bmatrix} = \boldsymbol{R} \begin{bmatrix} X_W \\ Y_W \\ Z_W \end{bmatrix} + \begin{bmatrix} T_X \\ T_Y \\ T_Z \end{bmatrix} \tag{8.8}
$$

用齐次矩阵可以表示为

$$
\begin{bmatrix} X_C \\ Y_C \\ Z_C \\ 1 \end{bmatrix} = \begin{bmatrix} \boldsymbol{R} & \boldsymbol{t} \\ \boldsymbol{0} & 1 \end{bmatrix} \begin{bmatrix} X_W \\ Y_W \\ Z_W \\ 1 \end{bmatrix} \tag{8.9}
$$

其中,$\boldsymbol{t} = \begin{bmatrix} T_X & T_Y & T_Z \end{bmatrix}^{\mathrm{T}}$ 是平移外参数,其几何意义是世界坐标系原点 W 在相机坐标系 $S\text{-}X_C Y_C Z_C$ 中的坐标,这里的坐标转换采用的是先旋转再平移的方法。在摄影测量领域往往采用先平移再旋转的方法,转换公式见(8.10)。

$$\begin{bmatrix} X_C \\ Y_C \\ Z_C \end{bmatrix} = \boldsymbol{R} \begin{bmatrix} X_W - X_S \\ Y_W - Y_S \\ Z_W - Z_S \end{bmatrix} = \begin{bmatrix} a_1 & b_1 & c_1 \\ a_2 & b_2 & c_2 \\ a_3 & b_3 & c_3 \end{bmatrix} \begin{bmatrix} X_W - X_S \\ Y_W - Y_S \\ Z_W - Z_S \end{bmatrix} \tag{8.10}$$

其中,$[X_S \quad Y_S \quad Z_S]^T$ 也是坐标平移参数,其几何意义是相机坐标系原点 S 在世界坐标系 $W - X_W Y_W Z_W$ 中的坐标。

需要说明的是,先旋转后平移与先平移后旋转两种坐标变换中,其旋转矩阵 $\boldsymbol{R}$ 是相同的,不同点在于平移值有差异,在哪个坐标系中平移就采用哪个坐标系中的坐标原点之差。这里就是 $\boldsymbol{t} = [T_X \quad T_Y \quad T_Z]^T$ 与 $[X_S \quad Y_S \quad Z_S]^T$ 的差异。

8.2.3 世界坐标系与像素坐标系的公式

在相机坐标系中,像点 p、空间点 P 与坐标原点 S 在同一条直线上,其坐标值满足式(8.11)的比例关系。

$$\frac{X_C}{x} = \frac{Y_C}{y} = \frac{Z_C}{f} \tag{8.11}$$

交叉相乘可以得到

$$\begin{cases} Z_C x = X_C f \\ Z_C y = Y_C f \\ Z_C = Z_C \end{cases} \tag{8.12}$$

或

$$\begin{cases} x = f \dfrac{X_C}{Z_C} \\ y = f \dfrac{Y_C}{Z_C} \end{cases} \tag{8.13}$$

将式(8.12)用齐次矩阵可表示成式(8.14)。

$$Z_C \begin{bmatrix} x \\ y \\ 1 \end{bmatrix} = \begin{bmatrix} f & 0 & 0 & 0 \\ 0 & f & 0 & 0 \\ 0 & 0 & 1 & 0 \end{bmatrix} \begin{bmatrix} X_C \\ Y_C \\ Z_C \\ 1 \end{bmatrix} \tag{8.14}$$

将像素坐标系公式(8.7)两侧分别乘以 Z_C 得到

$$Z_C \begin{bmatrix} u \\ v \\ 1 \end{bmatrix} = Z_C \begin{bmatrix} \dfrac{1}{d_x} & 0 & u_0 \\ 0 & \dfrac{1}{d_y} & v_0 \\ 0 & 0 & 1 \end{bmatrix} \cdot \begin{bmatrix} x \\ y \\ 1 \end{bmatrix}$$

再将式(8.14)和式(8.9)代入可得式(8.15)

$$
\begin{aligned}
Z_C \begin{bmatrix} u \\ v \\ 1 \end{bmatrix} &= \begin{bmatrix} \dfrac{1}{d_x} & 0 & u_0 \\ 0 & \dfrac{1}{d_y} & v_0 \\ 0 & 0 & 1 \end{bmatrix} \cdot Z_C \begin{bmatrix} x \\ y \\ 1 \end{bmatrix} = \begin{bmatrix} \dfrac{1}{d_x} & 0 & u_0 \\ 0 & \dfrac{1}{d_y} & v_0 \\ 0 & 0 & 1 \end{bmatrix} \begin{bmatrix} f & 0 & 0 & 0 \\ 0 & f & 0 & 0 \\ 0 & 0 & 1 & 0 \end{bmatrix} \begin{bmatrix} X_C \\ Y_C \\ Z_C \\ 1 \end{bmatrix} \\[2mm]
&= \begin{bmatrix} \dfrac{1}{d_x} & 0 & u_0 \\ 0 & \dfrac{1}{d_y} & v_0 \\ 0 & 0 & 1 \end{bmatrix} \begin{bmatrix} f & 0 & 0 & 0 \\ 0 & f & 0 & 0 \\ 0 & 0 & 1 & 0 \end{bmatrix} \begin{bmatrix} \boldsymbol{R} & \boldsymbol{t} \\ \boldsymbol{0} & 1 \end{bmatrix} \begin{bmatrix} X_W \\ Y_W \\ Z_W \\ 1 \end{bmatrix} \\[2mm]
&= \begin{bmatrix} f_x & 0 & u_0 \\ 0 & f_y & v_0 \\ 0 & 0 & 1 \end{bmatrix} \begin{bmatrix} \boldsymbol{R} & \boldsymbol{t} \end{bmatrix} \begin{bmatrix} X_W \\ Y_W \\ Z_W \\ 1 \end{bmatrix} \\[2mm]
&= \underset{3\times3}{\boldsymbol{M}_1} \cdot \underset{3\times4}{\boldsymbol{M}_2} \cdot \begin{bmatrix} X_W \\ Y_W \\ Z_W \\ 1 \end{bmatrix}
\end{aligned}
$$

$$(8.15)$$

其中,$\underset{3\times3}{\boldsymbol{M}_1}$、$\underset{3\times4}{\boldsymbol{M}_2}$ 分别为内参数矩阵和外参数矩阵,Z_C 也表示缩放参数,有些资料上用缩放参数 λ 表示。即

$$\lambda \cdot \begin{bmatrix} u \\ v \\ 1 \end{bmatrix} = \underset{3\times3}{\boldsymbol{M}_1} \cdot \underset{3\times4}{\boldsymbol{M}_2} \cdot \begin{bmatrix} X_W \\ Y_W \\ Z_W \\ 1 \end{bmatrix} \qquad (8.16)$$

用标量表示时,将式(8.10)代入式(8.13),得到公式(8.18)。

$$\begin{bmatrix} X_C \\ Y_C \\ Z_C \end{bmatrix} = \begin{bmatrix} a_1 & b_1 & c_1 \\ a_2 & b_2 & c_2 \\ a_3 & b_3 & c_3 \end{bmatrix} \begin{bmatrix} X_W - X_S \\ Y_W - Y_S \\ Z_W - Z_S \end{bmatrix} = \begin{bmatrix} a_1(X_W - X_S) + b_1(Y_W - Y_S) + c_1(Z_W - Z_S) \\ a_2(X_W - X_S) + b_2(Y_W - Y_S) + c_2(Z_W - Z_S) \\ a_3(X_W - X_S) + b_3(Y_W - Y_S) + c_3(Z_W - Z_S) \end{bmatrix} \tag{8.17}$$

$$\begin{cases} x = f\dfrac{X_C}{Z_C} = f\dfrac{a_1(X_W - X_S) + b_1(Y_W - Y_S) + c_1(Z_W - Z_S)}{a_3(X_W - X_S) + b_3(Y_W - Y_S) + c_3(Z_W - Z_S)} \\ y = f\dfrac{Y_C}{Z_C} = f\dfrac{a_2(X_W - X_S) + b_2(Y_W - Y_S) + c_2(Z_W - Z_S)}{a_3(X_W - X_S) + b_3(Y_W - Y_S) + c_3(Z_W - Z_S)} \end{cases} \tag{8.18}$$

用像素坐标系可以表示成式(8.19)。

$$\begin{cases} (u - u_0) \cdot d_x = f\dfrac{a_1(X_W - X_S) + b_1(Y_W - Y_S) + c_1(Z_W - Z_S)}{a_3(X_W - X_S) + b_3(Y_W - Y_S) + c_3(Z_W - Z_S)} \\ (v - v_0) \cdot d_y = f\dfrac{a_2(X_W - X_S) + b_2(Y_W - Y_S) + c_2(Z_W - Z_S)}{a_3(X_W - X_S) + b_3(Y_W - Y_S) + c_3(Z_W - Z_S)} \end{cases} \tag{8.19}$$

将 $\dfrac{f}{d_x} = f_x$、$\dfrac{f}{d_y} = f_y$ 代入可得式(8.20)。

$$\begin{cases} u - u_0 = f_x\dfrac{a_1(X_W - X_S) + b_1(Y_W - Y_S) + c_1(Z_W - Z_S)}{a_3(X_W - X_S) + b_3(Y_W - Y_S) + c_3(Z_W - Z_S)} \\ v - v_0 = f_y\dfrac{a_2(X_W - X_S) + b_2(Y_W - Y_S) + c_2(Z_W - Z_S)}{a_3(X_W - X_S) + b_3(Y_W - Y_S) + c_3(Z_W - Z_S)} \end{cases} \tag{8.20}$$

这里:f_x、f_y 是以像素为单位的焦距,而 f 是以长度单位(如 mm)为量纲的焦距。d_x、d_y 是两个方向的像素尺寸。

需要说明的是:公式(8.20)在摄影测量领域称为共线方程,其主要区别在于方程中焦距前面的符号不一致,主要原因是这里相机坐标系的 Z_S 指向主光轴方向、与摄影测量中像空间辅助坐标系的方向相反所致。

8.2.4　直接线性变换(Direct Linear Transform，DLT)

1) 三维 DLT 公式

将公式(8.20)进行移项、通分与参数和并,最后得到公式(8.21)

$$\begin{cases} u = \dfrac{l_1 X_W + l_2 Y_W + l_3 Z_W + l_4}{l_9 X_W + l_{10} Y_W + l_{11} Z_W + 1} \\ v = \dfrac{l_5 X_W + l_6 Y_W + l_7 Z_W + l_8}{l_9 X_W + l_{10} Y_W + l_{11} Z_W + 1} \end{cases} \tag{8.21}$$

式中，l_1、l_2、$\cdots$、l_{11} 参数是新的参数，它们是内外参数的函数。这里推导过程从略，各参数的含义可以表示为式(8.22)。

$$\begin{cases} l_1 = \dfrac{1}{\gamma_3}(a_1 f_x + a_3 u_0) \\[2mm] l_2 = \dfrac{1}{\gamma_3}(b_1 f_x + b_3 u_0) \\[2mm] l_3 = \dfrac{1}{\gamma_3}(c_1 f_x + c_3 u_0) \\[2mm] l_4 = \dfrac{1}{\gamma_3}(\gamma_1 f_x + \gamma_3 u_0) \\[2mm] l_5 = \dfrac{1}{\gamma_3}(a_2 f_y + a_3 v_0) \\[2mm] l_6 = \dfrac{1}{\gamma_3}(b_2 f_y + b_3 v_0) \\[2mm] l_7 = \dfrac{1}{\gamma_3}(c_2 f_y + c_3 v_0) \\[2mm] l_8 = \dfrac{1}{\gamma_3}(\gamma_2 f_y + \gamma_3 v_0) \\[2mm] l_9 = \dfrac{a_3}{\gamma_3} \\[2mm] l_{10} = \dfrac{b_3}{\gamma_3} \\[2mm] l_{11} = \dfrac{c_3}{\gamma_3} \end{cases} \tag{8.22}$$

其中 γ_1、γ_2、γ_3 是过渡参数，主要与像片的外参数有关，可以用式(8.23)表示。

$$\begin{cases} \gamma_1 = -(a_1 X_S + b_1 Y_S + c_1 Z_S) \\ \gamma_2 = -(a_2 X_S + b_2 Y_S + c_2 Z_S) \\ \gamma_3 = -(a_3 X_S + b_3 Y_S + c_3 Z_S) \end{cases} \tag{8.23}$$

如果考虑相机畸变参数，完整的三维直接线性公式表达式为式(8.24)：

$$\begin{cases} u + \Delta u = \dfrac{l_1 X_W + l_2 Y_W + l_3 Z_W + l_4}{l_9 X_W + l_{10} Y_W + l_{11} Z_W + 1} \\[3mm] v + \Delta v = \dfrac{l_5 X_W + l_6 Y_W + l_7 Z_W + l_8}{l_9 X_W + l_{10} Y_W + l_{11} Z_W + 1} \end{cases} \tag{8.24}$$

其中 Δu、Δv 为径向畸变和切向畸变的综合，见式(8.25)。

$$\begin{cases} \Delta u = k_1 xr^2 + k_2 xr^4 + k_3 xr^6 + 2p_1 xy + p_2(r^2 + 2x^2) \\ \Delta v = k_1 yr^2 + k_2 yr^4 + k_3 yr^6 + p_1(r^2 + 2y^2) + 2p_2 xy \end{cases} \tag{8.25}$$

式中：$x = u - u_0$、$y = v - v_0$、$r^2 = (u - u_0)^2 + (v - v_0)^2$。

2） 二维 DLT 公式

当世界坐标系中的点位于同一个面内时，可以认为 $Z_W = 0$，那么式(8.24)简化为式（8.26）。

$$\begin{cases} u + \Delta u = \dfrac{m_1 X_W + m_2 Y_W + m_3}{m_7 X_W + m_8 Y_W + 1} \\ v + \Delta v = \dfrac{m_4 X_W + m_5 Y_W + m_6}{m_7 X_W + m_8 Y_W + 1} \end{cases} \tag{8.26}$$

式中，8 个 m_1、m_2、$\cdots$、m_8 参数的含义见式(8.27)。

$$\begin{cases} m_1 = \dfrac{1}{\gamma_3}(a_1 f_x + a_3 u_0) \\ m_2 = \dfrac{1}{\gamma_3}(b_1 f_x + b_3 u_0) \\ m_3 = \dfrac{1}{\gamma_3}(\gamma_1 f_x + \gamma_3 u_0) \\ m_4 = \dfrac{1}{\gamma_3}(a_2 f_y + a_3 v_0) \\ m_5 = \dfrac{1}{\gamma_3}(b_2 f_y + b_3 v_0) \\ m_6 = \dfrac{1}{\gamma_3}(\gamma_1 f_y + \gamma_3 v_0) \\ m_7 = \dfrac{a_3}{\gamma_3} \\ m_8 = \dfrac{b_3}{\gamma_3} \end{cases} \tag{8.27}$$

其中 γ_1、γ_2、γ_3 是过渡参数，主要与像片的外参数有关，计算公式如下。

$$\begin{cases} \gamma_1 = -(a_1 X_S + b_1 Y_S + c_1 Z_S) \\ \gamma_2 = -(a_2 X_S + b_2 Y_S + c_2 Z_S) \\ \gamma_3 = -(a_3 X_S + b_3 Y_S + c_3 Z_S) \end{cases} \tag{8.28}$$

二维 DLT 公式是平面与平面之间的仿射变换公式，实际工作中十分有用，通过四个以上的公共点可以求出两个平面之间的 8 个仿射变换参数 m_1、m_2、$\cdots$、m_8。如果需要计算畸变参数的话，就需要更多的公共点信息。

8.3　相机参数标定

相机标定（calibration）就是根据已知部分公共点的像素坐标和世界坐标系坐标求解相机内外参数和畸变系数的工作。它是根据大量观测值（公共点坐标）拟合参数模型的过程，且在此拟合的参数模型是已知的，所以应尽可能探索能便捷获取大量观测值的方案。常用的参数模型包括：齐次方程模型公式（8.14）、共线方程模型公式（8.20）、三维 DLT 模型公式（8.24）和二维 DLT 模型公式（8.26）。如果观测值之间还满足一些其他的几何约束就更有助于求解具体单个参数值。

8.3.1　张正友标定法

张正友标定法提供了一种便捷获取大量观测值，观测值之间还满足几何约束（即平面约束）的相机标定方法。可直接求解出内外参。其操作方式非常简单，只需拍摄带有标定板图案的像片，即可完成相机标定，使标定难度极大降低，加快了立体视觉的入门和普及，影响深远，是相机标定领域的经典（图 8.5）。在常用的图像处理库如 OpenCV、EmguCV 和 MATLAB 都有基于棋盘网格的图像标定法。

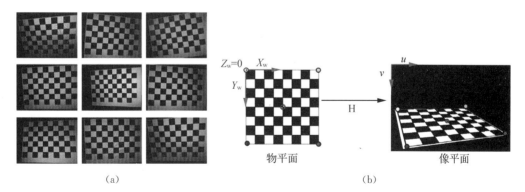

（a）　　　　　　　　　　　　（b）

图 8.5　张正友标定法示意图

1）求解单应矩阵和畸变参数

采用模板标定时，由于各点均位于标定板上，因此 $Z_w=0$。则式（8.16）可以改写成：

$$\lambda \boldsymbol{p} = \boldsymbol{M}_1 \begin{bmatrix} \boldsymbol{r}_1 & \boldsymbol{r}_2 & \boldsymbol{r}_3 & \boldsymbol{t} \end{bmatrix} \begin{bmatrix} X_W \\ Y_W \\ Z_W \\ 1 \end{bmatrix} = \boldsymbol{M}_1 \begin{bmatrix} \boldsymbol{r}_1 & \boldsymbol{r}_2 & \boldsymbol{t} \end{bmatrix} \begin{bmatrix} X_W \\ Y_W \\ 1 \end{bmatrix} = \boldsymbol{M}_1 \begin{bmatrix} \boldsymbol{r}_1 & \boldsymbol{r}_2 & \boldsymbol{t} \end{bmatrix} \boldsymbol{P}$$

(8.29)

其中 r_i 表示旋转矩阵 R 的第 i 列，t 代替三个平移值，$\boldsymbol{p} = \begin{bmatrix} u & v & 1 \end{bmatrix}^T$，$\boldsymbol{P} = \begin{bmatrix} X_W & X_W & 1 \end{bmatrix}^T$。

$$\lambda \boldsymbol{p} = \boldsymbol{H} \boldsymbol{P}$$

(8.30)

根据已知公共点的坐标 $\boldsymbol{p}$、$\boldsymbol{P}$ 可以求出矩阵 $\boldsymbol{H}$，称为单应矩阵。单应矩阵表示了标定板平面和像素平面之间的变换关系，其本身包含了相机的内参和标定板与相机的外参矩阵。在射影几何中，单应矩阵更多地用来表征两个平面之间的变换关系。单应矩阵 $\boldsymbol{H}$ 与 8.2.4 节二维 DLT 变换中的 m_1、m_2、$\cdots$、m_8 参数含义相同，两者的关系为：

$$\boldsymbol{H} = \begin{bmatrix} h_{11} & h_{12} & h_{13} \\ h_{21} & h_{22} & h_{23} \\ h_{31} & h_{32} & h_{33} \end{bmatrix} = \begin{bmatrix} m_1 & m_2 & m_3 \\ m_4 & m_5 & m_6 \\ m_7 & m_8 & 1 \end{bmatrix}$$

(8.31)

2）多张像片计算过渡矩阵 B

将公式(8.31)中的单应矩阵表示成 $\boldsymbol{H} = \boldsymbol{M}_1 \begin{bmatrix} \boldsymbol{r}_1 & \boldsymbol{r}_2 \end{bmatrix}$，用 $\boldsymbol{h}_i$ 来代表 $\boldsymbol{H}$ 中的第 i 列。

$$\begin{bmatrix} \boldsymbol{h}_1 & \boldsymbol{h}_2 & \boldsymbol{h}_3 \end{bmatrix} = \boldsymbol{M}_1 \begin{bmatrix} \boldsymbol{r}_1 & \boldsymbol{r}_2 & \boldsymbol{t} \end{bmatrix}$$

(8.32)

$$\begin{cases} \boldsymbol{r}_1 = \boldsymbol{M}_1^{-1} \boldsymbol{h}_1 \\ \boldsymbol{r}_2 = \boldsymbol{M}_1^{-1} \boldsymbol{h}_2 \end{cases}$$

(8.33)

考虑到旋转矩阵 R 是正交，满足 $\boldsymbol{r}_1^T \boldsymbol{r}_1 = 1$、$\boldsymbol{r}_1^T \boldsymbol{r}_2 = 0$、$\boldsymbol{r}_2^T \boldsymbol{r}_2 = 1$。所以有

$$\begin{cases} \boldsymbol{h}_1^T \boldsymbol{M}_1^{-T} \boldsymbol{M}_1^{-1} \boldsymbol{h}_2 = 0 \\ \boldsymbol{h}_1^T \boldsymbol{M}_1^{-T} \boldsymbol{M}_1^{-1} \boldsymbol{h}_1 = \boldsymbol{h}_2^T \boldsymbol{M}_1^{-T} \boldsymbol{M}_1^{-1} \boldsymbol{h}_2 \end{cases}$$

(8.34)

可以看出，单应矩阵 $\boldsymbol{H}$ 和内参矩阵 $\boldsymbol{M}_1$ 的元素之间满足以上两个线性方程约束。考虑到：

$$\boldsymbol{M}_1 = \begin{bmatrix} f_x & 0 & u_0 \\ 0 & f_y & v_0 \\ 0 & 0 & 1 \end{bmatrix}, \qquad \boldsymbol{M}_1^{-1} = \begin{bmatrix} \dfrac{1}{f_x} & 0 & -\dfrac{u_0}{f_x} \\ 0 & \dfrac{1}{f_y} & -\dfrac{v_0}{f_y} \\ 0 & 0 & 1 \end{bmatrix}$$

(8.35)

可令：

$$\boldsymbol{B}=\boldsymbol{M}_1^{-\mathrm{T}}\boldsymbol{M}_1^{-1}=\begin{bmatrix} B_{11} & B_{12} & B_{13} \\ B_{21} & B_{22} & B_{23} \\ B_{31} & B_{32} & B_{33} \end{bmatrix}=\begin{bmatrix} \dfrac{1}{f_x^2} & 0 & -\dfrac{u_0}{f_x^2} \\ 0 & \dfrac{1}{f_y^2} & -\dfrac{v_0}{f_y^2} \\ -\dfrac{u_0}{f_x^2} & -\dfrac{v_0}{f_y^2} & \dfrac{u_0^2}{f_x^2}+\dfrac{v_0^2}{f_y^2}+1 \end{bmatrix} \quad (8.36)$$

可见，只要求出了矩阵 $\boldsymbol{B}$，即可以计算出像片的内参数。

根据公式(8.34)的要求，不失一般性地得到公式(8.36)。

$$\boldsymbol{h}_i^{\mathrm{T}}\boldsymbol{B}\boldsymbol{h}_j=\begin{bmatrix} h_{i1} & h_{i2} & h_{i3} \end{bmatrix}\begin{bmatrix} B_{11} & B_{12} & B_{13} \\ B_{21} & B_{22} & B_{23} \\ B_{31} & B_{32} & B_{33} \end{bmatrix}\begin{bmatrix} h_{j1} \\ h_{j2} \\ h_{j3} \end{bmatrix}=$$

$$\begin{bmatrix} h_{i1}h_{j1} & h_{i1}h_{j2}+h_{i2}h_{j1} & h_{i2}h_{j2} & h_{i1}h_{j3}+h_{i3}h_{j1} & h_{i2}h_{j3}+h_{i3}h_{j2} & h_{i3}h_{j3} \end{bmatrix}\begin{bmatrix} B_{11} \\ B_{12} \\ B_{22} \\ B_{13} \\ B_{23} \\ B_{33} \end{bmatrix}$$

$$(8.37)$$

记

$$\boldsymbol{b}=\begin{bmatrix} B_{11} & B_{12} & B_{22} & B_{13} & B_{23} & B_{33} \end{bmatrix}^{\mathrm{T}} \quad (8.38)$$

$$\boldsymbol{v}_{ij}=\begin{bmatrix} h_{i1}h_{j1} & h_{i1}h_{j2}+h_{i2}h_{j1} & h_{i2}h_{j2} & h_{i1}h_{j3}+h_{i3}h_{j1} & h_{i2}h_{j3}+h_{i3}h_{j2} & h_{i3}h_{j3} \end{bmatrix}^{\mathrm{T}}$$

$$(8.39)$$

得到方程

$$\boldsymbol{h}_i^{\mathrm{T}}\boldsymbol{B}\boldsymbol{h}_j=\boldsymbol{v}_{ij}^{\mathrm{T}}\boldsymbol{b} \quad (8.40)$$

根据式(8.34)的两个条件，每张像片可以列出两个方程，式如(8.41)。

$$\begin{bmatrix} \boldsymbol{v}_{12} \\ (\boldsymbol{v}_{11}-\boldsymbol{v}_{22})^{\mathrm{T}} \end{bmatrix}\boldsymbol{b}=\boldsymbol{0} \quad (8.41)$$

用来求解六维的 $\boldsymbol{b}$ 向量至少需要 3 个单应矩阵，即至少需要 3 张图片才能完成相机标定。如果图片数量为 $n \geq 3$，通常可以获得 b 的一个唯一解，如果图片数量为 $n = 2$，那么可以减少内参数个数，例如假定 $u_0 = 0$、$v_0 = 0$ 将 f_x、f_y 当作未知数进行标定。

3）根据矩阵 B 计算内参数

求解出 b 后，就可以按如下方式计算所有相机内参数。因为由 b 组成的矩阵 B 不严格满足 $B = H^{-T}H^{-1}$。而是存在一个任意的尺度因子 λ，满足 $B = \lambda H^{-T}H^{-1}$。因此，相机内参数的计算必须考虑 λ 的大小。

$$\begin{cases} v_0 = \dfrac{B_{12}B_{13} - B_{11}B_{23}}{B_{11}B_{22} - B_{12}B_{12}} \\[2mm] \lambda = B_{33} - \dfrac{B_{13}^2 + v_0(B_{12}B_{13} - B_{11}B_{23})}{B_{11}} \\[2mm] f_x = \sqrt{\dfrac{\lambda}{B_{11}}} \\[2mm] f_y = \sqrt{\dfrac{\lambda B_{11}}{(B_{11}B_{22} - B_{12}B_{12})}} \\[2mm] u_0 = -\dfrac{B_{13}f_x^2}{\lambda} \end{cases} \tag{8.42}$$

当内参矩阵求解出后，每个位置的外参数矩阵可以进一步求出：

$$\begin{cases} r_1 = \lambda H^{-1}h_1 \\ r_2 = \lambda H^{-1}h_2 \\ r_3 = r_1 \times r_2 \\ t = \lambda H^{-1}h_3 \end{cases} \tag{8.43}$$

8.3.2 三维控制场标定法

当提供的世界坐标系为三维坐标时，可以利用共线方程模型或三维 DLT 模型进行标定，其标定方法只需一张像片，理论严密，标定精度高。常见的三维世界坐标系包括图 8.6 三种类型。

（a）室内三维控制场　　　　（b）室外墙面三维控制场　　　　（c）移动三维控制支架

图 8.6　三维世界坐标系的类型

　　室内三维控制场常被科研机构用于高精度图像测量时的相机标定，它采用不易变形的铟瓦钢结构固定在室内房顶上，每个钢结构上布设标志点，其结构稳定、恒温条件使得点位精度高，是高校和科研机构的首选；室外墙面三维控制场是在建设时间较长、稳定性好的多面建筑物上布设点位标志，采用亚毫米级的几何测量手段测量标志点的三维坐标，整个墙面构成了一个独立的世界坐标系；移动三维控制支架采用受温度变形小、结构稳定的铟瓦钢打造而成，其点位测量精度达到亚毫米级，其便于携带的特点可以应用于各种困难条件下的相机标定。

1）共线方程模型的相机标定

　　将公式（8.20）的共线方程模型加入畸变参数后可以得到公式（8.44）

$$\begin{cases} u = u_0 - \Delta u + f_x \dfrac{a_1(X_W - X_S) + b_1(Y_W - Y_S) + c_1(Z_W - Z_S)}{a_3(X_W - X_S) + b_3(Y_W - Y_S) + c_3(Z_W - Z_S)} \\[2mm] v = v_0 - \Delta v + f_y \dfrac{a_2(X_W - X_S) + b_2(Y_W - Y_S) + c_2(Z_W - Z_S)}{a_3(X_W - X_S) + b_3(Y_W - Y_S) + c_3(Z_W - Z_S)} \end{cases} \tag{8.44}$$

　　当具有足够多的三维控制点时，可以求解模型中包含的相机内外参数和畸变系数，其步骤如下：

　　（1）对公式中的各个参数求偏导数，用矩阵表示成：

$$\boldsymbol{A} = \begin{bmatrix} a_{11} & a_{12} & a_{13} & a_{14} & a_{15} \\ a_{21} & a_{22} & a_{23} & a_{24} & a_{25} \end{bmatrix} = \begin{bmatrix} \dfrac{\partial u}{\partial k_1} & \dfrac{\partial u}{\partial k_2} & \dfrac{\partial u}{\partial k_3} & \dfrac{\partial u}{\partial p_1} & \dfrac{\partial u}{\partial p_2} \\[3mm] \dfrac{\partial v}{\partial k_1} & \dfrac{\partial v}{\partial k_2} & \dfrac{\partial v}{\partial k_3} & \dfrac{\partial v}{\partial p_1} & \dfrac{\partial v}{\partial p_2} \end{bmatrix} \tag{8.45}$$

$$\boldsymbol{B} = \begin{bmatrix} b_{11} & b_{12} & b_{13} & b_{14} \\ b_{21} & b_{22} & b_{23} & b_{24} \end{bmatrix} = \begin{bmatrix} \dfrac{\partial u}{\partial f_x} & \dfrac{\partial u}{\partial f_y} & \dfrac{\partial u}{\partial u_0} & \dfrac{\partial u}{\partial v_0} \\[3mm] \dfrac{\partial v}{\partial f_x} & \dfrac{\partial v}{\partial f_y} & \dfrac{\partial v}{\partial u_0} & \dfrac{\partial v}{\partial v_0} \end{bmatrix} \tag{8.46}$$

$$\boldsymbol{C} = \begin{bmatrix} c_{11} & c_{12} & c_{13} & c_{14} & c_{15} & c_{16} \\ c_{21} & c_{22} & c_{23} & c_{24} & c_{25} & c_{26} \end{bmatrix} = \begin{bmatrix} \dfrac{\partial u}{\partial X_W} & \dfrac{\partial u}{\partial Y_W} & \dfrac{\partial u}{\partial Z_W} & \dfrac{\partial u}{\partial \varphi} & \dfrac{\partial u}{\partial \omega} & \dfrac{\partial u}{\partial \kappa} \\[3mm] \dfrac{\partial v}{\partial X_W} & \dfrac{\partial v}{\partial Y_W} & \dfrac{\partial v}{\partial Z_W} & \dfrac{\partial v}{\partial \varphi} & \dfrac{\partial v}{\partial \omega} & \dfrac{\partial v}{\partial \kappa} \end{bmatrix} \tag{8.47}$$

　　（2）将偏导数结果写成全微分公式为：

$$\begin{bmatrix} \boldsymbol{V}_u \\ \boldsymbol{V}_v \end{bmatrix} = \begin{bmatrix} \boldsymbol{A} & \boldsymbol{B} & \boldsymbol{C} \end{bmatrix} \begin{bmatrix} \boldsymbol{X}_{畸变} \\ \boldsymbol{X}_{内} \\ \boldsymbol{X}_{外} \end{bmatrix} - \begin{bmatrix} \boldsymbol{L}_u \\ \boldsymbol{L}_v \end{bmatrix} \tag{8.48}$$

（3）写出误差方程式为：

$$V = DX - L \tag{8.49}$$

（4）一个公共点可以列出两个方程式，有 n 个公共点可以列出 $2n$ 个方程式，求解其中的 15 个参数（5 个畸变系数、4 个内参数和 6 个外参数）。当公共点的个数超过 8 时，方程的个数大于参数的个数，变为矛盾方程组的求解。

（5）最小二乘法求参数

根据最小二乘原理，矛盾方程组在满足 $\sum V^{\mathrm{T}} V = \min$ 条件下的解为：

$$X = (D^{\mathrm{T}} D)^{-1} (D^{\mathrm{T}} L) \tag{8.50}$$

这里将所有的参数同时计算处理，理论严密，计算精度高。

2）三维 DLT 模型的相机标定

利用三维 DLT 模型进行相机标定的方法与共线方程模型类似，主要特点是不需要未知数的近似值，其计算流程如下：

（1）l 参数近似值

对公式（8.21）进行移项通分，得到关于参数 l_1、l_2、$\cdots$、l_{11} 的线性方程。

$$\begin{cases} l_1 X_{\mathrm{W}} + l_2 Y_{\mathrm{W}} + l_3 Z_{\mathrm{W}} + l_4 - u l_9 X_{\mathrm{W}} - u l_{10} Y_{\mathrm{W}} - u l_{11} Z_{\mathrm{W}} - u = 0 \\ l_5 X_{\mathrm{W}} + l_6 Y_{\mathrm{W}} + l_7 Z_{\mathrm{W}} + l_8 - v l_9 X_{\mathrm{W}} - v l_{10} Y_{\mathrm{W}} - v l_{11} Z_{\mathrm{W}} - v = 0 \end{cases} \tag{8.51}$$

其矩阵形式为

$$\begin{bmatrix} X_{\mathrm{W}} & Y_{\mathrm{W}} & Z_{\mathrm{W}} & 1 & 0 & 0 & 0 & 0 & -u X_{\mathrm{W}} & -u Y_{\mathrm{W}} & -u Z_{\mathrm{W}} \\ 0 & 0 & 0 & 0 & X_{\mathrm{W}} & Y_{\mathrm{W}} & Z_{\mathrm{W}} & 1 & -v X_{\mathrm{W}} & -v Y_{\mathrm{W}} & -v Z_{\mathrm{W}} \end{bmatrix} \begin{bmatrix} l_1 \\ l_2 \\ l_3 \\ l_4 \\ l_5 \\ l_6 \\ l_7 \\ l_8 \\ l_9 \\ l_{10} \\ l_{11} \end{bmatrix} = \begin{bmatrix} u \\ v \end{bmatrix} \tag{8.52}$$

将已知公共点的像素坐标和世界坐标系坐标代入，在不考虑相机畸变参数的情况下求出参数 l_1、l_2、$\cdots$、l_{11} 的近似值。

（2）计算畸变参数和 l 参数精确值

在考虑畸变参数的三维 DLT 方程(8.24)中，已知参数 l_1、l_2、$\cdots$、l_{11} 的近似值，下面来计算畸变参数和参数 l_1、l_2、$\cdots$、l_{11} 的精确值。

在公式(8.24)中，方程移项改写成

$$\begin{cases} \dfrac{l_1 X_W + l_2 Y_W + l_3 Z_W + l_4}{l_9 X_W + l_{10} Y_W + l_{11} Z_W + 1} - u - \Delta u = 0 \\[3mm] \dfrac{l_5 X_W + l_6 Y_W + l_7 Z_W + l_8}{l_9 X_W + l_{10} Y_W + l_{11} Z_W + 1} - v - \Delta v = 0 \end{cases}$$

令

$$A = l_9 X_W + l_{10} Y_W + l_{11} Z_W + 1 \tag{8.53}$$

保持分母 A 不变通分得到

$$\begin{cases} \dfrac{l_1 X_W + l_2 Y_W + l_3 Z_W + l_4 - u(l_9 X_W + l_{10} Y_W + l_{11} Z_W + 1)}{A} - \Delta u = 0 \\[3mm] \dfrac{l_5 X_W + l_6 Y_W + l_7 Z_W + l_8 - v(l_9 X_W + l_{10} Y_W + l_{11} Z_W + 1)}{A} - \Delta v = 0 \end{cases}$$

方程中含有 5 个畸变参数和 11 个参数 l_1、l_2、$\cdots$、l_{11}。将两类参数分开表示为

$$\boldsymbol{B} = \begin{bmatrix} \dfrac{X_W}{A} & \dfrac{Y_W}{A} & \dfrac{Z_W}{A} & \dfrac{1}{A} & 0 & 0 & 0 & 0 & -\dfrac{uX_W}{A} & -\dfrac{uY_W}{A} & -\dfrac{uZ_W}{A} \\[3mm] 0 & 0 & 0 & 0 & \dfrac{X_W}{A} & \dfrac{Y_W}{A} & \dfrac{Z_W}{A} & \dfrac{1}{A} & -\dfrac{vX_W}{A} & -\dfrac{vY_W}{A} & -\dfrac{vZ_W}{A} \end{bmatrix}$$

和

$$\boldsymbol{C} = \begin{bmatrix} -xr^2 & -xr^4 & -xr^6 & -2xy & -(r^2+2x^2) \\[2mm] -yr^2 & -yr^4 & -yr^6 & -(r^2+2y^2) & -2xy \end{bmatrix}$$

则总的方程式为：

$$\begin{bmatrix} V_u \\ V_v \end{bmatrix} = \begin{bmatrix} \boldsymbol{B} & \boldsymbol{C} \end{bmatrix} \begin{bmatrix} \boldsymbol{X}_l \\ \boldsymbol{X}_{畸变} \end{bmatrix} - \begin{bmatrix} \dfrac{u}{A} \\[3mm] \dfrac{v}{A} \end{bmatrix} \tag{8.54}$$

可用总的矩阵表示为

$$\boldsymbol{V} = \boldsymbol{DX} - \boldsymbol{L} \tag{8.55}$$

当方程式个数大于参数个数的情况下，用最小二乘法求式(8.54)中 16 个参数。

$$X = (\boldsymbol{D}^{\mathrm{T}}\boldsymbol{D})^{-1}(\boldsymbol{D}^{\mathrm{T}}\boldsymbol{L}) \tag{8.56}$$

（3）计算相机内外参数

根据 11 个参数 l_1、l_2、$\cdots$、l_{11} 的近似值计算相机的内外参数。对公式(8.22)进行代数运算得到：

$$
\begin{cases}
l_9^2 + l_{10}^2 + l_{11}^2 = \dfrac{1}{\gamma_3^2} \\[2mm]
l_1^2 + l_2^2 + l_3^2 = \dfrac{1}{\gamma_3^2}(f_x^2 + u_0^2) \\[2mm]
l_5^2 + l_6^2 + l_7^2 = \dfrac{1}{\gamma_3^2}(f_y^2 + v_0^2) \\[2mm]
l_1 l_5 + l_2 l_6 + l_3 l_7 = \dfrac{u_0 v_0}{\gamma_3^2} \\[2mm]
l_1 l_9 + l_2 l_{10} + l_3 l_{11} = \dfrac{u_0}{\gamma_3^2} \\[2mm]
l_5 l_9 + l_6 l_{10} + l_7 l_{11} = \dfrac{v_0}{\gamma_3^2}
\end{cases}
\tag{8.57}
$$

根据公式(8.57)很容易求得相机的内参数。外参数的计算包括平移参数和旋转参数,位置参数的计算公式是：

$$
\begin{cases}
l_1 X_{\mathrm{S}} + l_2 Y_{\mathrm{S}} + l_3 Z_{\mathrm{S}} = -l_4 \\
l_5 X_{\mathrm{S}} + l_6 Y_{\mathrm{S}} + l_7 Z_{\mathrm{S}} = -l_8 \\
l_9 X_{\mathrm{S}} + l_{10} Y_{\mathrm{S}} + l_{11} Z_{\mathrm{S}} = -1
\end{cases}
$$

根据公式(8.22)中的几个式子

$$
\begin{cases}
l_9 = \dfrac{a_3}{\gamma_3} \\[2mm]
l_{10} = \dfrac{b_3}{\gamma_3} \\[2mm]
l_{11} = \dfrac{c_3}{\gamma_3} \\[2mm]
l_2 = \dfrac{1}{\gamma_3}(b_1 f_x + b_3 u_0) \\[2mm]
l_6 = \dfrac{1}{\gamma_3}(b_2 f_y + b_3 v_0)
\end{cases}
\tag{8.58}
$$

可以分别求出旋转矩阵 $\boldsymbol{R}$ 中的 a_3、b_3、c_3、b_1、b_2,然后求出旋转角。

$$\begin{cases} \tan\varphi = -\dfrac{a_3}{c_3} \\[2mm] \sin\omega = -b_3 \\[2mm] \tan\kappa = \dfrac{b_1}{b_2} \end{cases} \tag{8.59}$$

8.3.3　二维直接线性变换标定

利用棋盘格网提供的世界坐标系坐标,也可以采用二维 DLT 进行相机标定,其主要步骤如下:

(1) 计算 m 参数近似值

对二维 DLT 进行移项通分,得到关于 8 个参数 m_1、m_2、$\cdots$、m_8 的线性方程。

$$\begin{cases} m_1 X_W + m_2 Y_W + m_3 - u m_7 X_W - u m_8 Y_W - u = 0 \\ m_4 X_W + m_5 Y_W + m_6 - v m_7 X_W - v m_8 Y_W - v = 0 \end{cases} \tag{8.60}$$

其矩阵形式为

$$\begin{bmatrix} X_W & Y_W & 1 & 0 & 0 & 0 & -uX_W & -uY_W \\ 0 & 0 & 0 & X_W & Y_W & 1 & -vX_W & -vY_W \end{bmatrix} \begin{bmatrix} m_1 \\ m_2 \\ m_3 \\ m_4 \\ m_5 \\ m_6 \\ m_7 \\ m_8 \end{bmatrix} = \begin{bmatrix} u \\ v \end{bmatrix} \tag{8.61}$$

将已知公共点的像素坐标和世界坐标系坐标代入,在不考虑相机畸变参数的情况下求出 8 个参数 m_1、m_2、$\cdots$、m_8 的近似值。

(2) 计算畸变参数和 m 参数的精确值

对考虑畸变参数的二维 DLT 方程(8.26)中,已知了 8 个参数 m_1、m_2、$\cdots$、m_8 的近似值,下面来计算畸变参数和 8 个参数 m_1、m_2、$\cdots$、m_8 的精确值。

将方程(8.26)移项改写成

$$\begin{cases} \dfrac{m_1 X_W + m_2 Y_W + m_3}{m_7 X_W + m_8 Y_W + 1} - u - \Delta u = 0 \\[4mm] \dfrac{m_4 X_W + m_5 Y_W + m_6}{m_7 X_W + m_8 Y_W + 1} - v - \Delta v = 0 \end{cases}$$

令

$$A = m_8 X_W + m_8 Y_W + 1 \tag{8.62}$$

保持分母 A 不变通分得到

$$\begin{cases} \dfrac{m_1 X_W + m_2 Y_W + m_3 - u(m_7 X_W + m_8 Y_W + 1)}{A} - \Delta u = 0 \\[4mm] \dfrac{m_4 X_W + m_5 Y_W + m_6 - v(m_7 X_W + m_8 Y_W + 1)}{A} - \Delta v = 0 \end{cases}$$

方程中含有 5 个畸变参数和 8 个参数 m_1、m_2、$\cdots$、m_8。将两类参数分开表示为

$$\boldsymbol{B} = \begin{bmatrix} \dfrac{X_W}{A} & \dfrac{Y_W}{A} & \dfrac{1}{A} & 0 & 0 & 0 & -\dfrac{uX_W}{A} & -\dfrac{uY_W}{A} \\[4mm] 0 & 0 & 0 & \dfrac{X_W}{A} & \dfrac{Y_W}{A} & \dfrac{1}{A} & -\dfrac{vX_W}{A} & -\dfrac{vY_W}{A} \end{bmatrix}$$

和

$$\boldsymbol{C} = \begin{bmatrix} -xr^2 & -xr^4 & -xr^6 & -2xy & -(r^2+2x^2) \\[2mm] -yr^2 & -yr^4 & -yr^6 & -(r^2+2y^2) & -2xy \end{bmatrix}$$

则总的方程式为：

$$\begin{bmatrix} V_u \\ V_v \end{bmatrix} = \begin{bmatrix} \boldsymbol{B} & \boldsymbol{C} \end{bmatrix} \begin{bmatrix} \boldsymbol{X}_m \\ \boldsymbol{X}_{\text{畸变}} \end{bmatrix} - \begin{bmatrix} \dfrac{u}{A} \\[3mm] \dfrac{v}{A} \end{bmatrix} \tag{8.63}$$

可用总的矩阵表示为

$$\boldsymbol{V} = \boldsymbol{D}\boldsymbol{X} - \boldsymbol{L} \tag{8.64}$$

当方程式个数大于参数个数的情况下，用最小二乘法求式(8.64)中 13 个参数。

$$\boldsymbol{X} = (\boldsymbol{D}^{\mathrm{T}}\boldsymbol{D})^{-1}(\boldsymbol{D}^{\mathrm{T}}\boldsymbol{L}) \tag{8.65}$$

（3）相机内外参数的计算

一张像片的 8 个 m 参数无法计算出 4 个相机内参数，解决这个问题的第一种方

法是假设 $f_x = f_x = f$ 和 $u_0 = v_0 = 0$（在精度要求不是很高的情况下可以只考虑一个相机内参数 f。那么可以用下面的公式求出焦距 f。

对公式(8.27)在 $f_x = f_x = f$ 和 $u_0 = v_0 = 0$ 的条件下进行代数运算得到：

$$\begin{cases} m_1^2 + m_4^2 + f^2 m_7^2 = \dfrac{f^2}{\gamma_3^2} \\ m_2^2 + m_5^2 + f^2 m_8^2 = \dfrac{f^2}{\gamma_3^2} \end{cases}$$

那么

$$\begin{cases} f^2 = \dfrac{(m_1^2 + m_4^2) - (m_2^2 + m_5^2)}{m_8^2 - m_7^2} \\ \dfrac{1}{\gamma_3^2} = \dfrac{m_1^2 + m_4^2 + f^2 m_7^2}{f^2} = \dfrac{m_2^2 + m_5^2 + f^2 m_8^2}{f^2} \end{cases} \tag{8.66}$$

根据式(8.67)和式(8.68)可以进一步求外参数。

$$\begin{cases} \gamma_1 = \dfrac{m_3}{f} \gamma_3 \\ \gamma_2 = \dfrac{m_6}{f} \gamma_3 \end{cases} \tag{8.67}$$

$$\begin{bmatrix} c_1 \\ c_2 \\ c_3 \end{bmatrix} = \begin{bmatrix} a_1 \\ a_2 \\ a_3 \end{bmatrix} \times \begin{bmatrix} b_1 \\ b_2 \\ b_3 \end{bmatrix} = \begin{bmatrix} a_2 b_3 - a_3 b_2 \\ a_3 b_1 - a_1 b_3 \\ a_1 b_2 - a_2 b_1 \end{bmatrix} \tag{8.68}$$

第二种方法是将 8 个 m 参数构成单应矩阵，每个单应矩阵列出如公式(8.41)所示的两个方程，通过拍摄三种以上的像片，就可以采用本章 8.3.1 张正友标定法中第(2)和(3)步骤求出相机的内参数和外参数。

8.4　世界坐标系三维坐标计算

在相机的内外参数和畸变参数已知的情况下，如图 8.7 所示，已知左图像上 p_1(u_1, v_1)和右图像上的 p_2(u_2, v_2)的坐标，同时左右相机的内参数和畸变参数也已知，下面介绍计算空间点 P 的世界坐标系坐标。

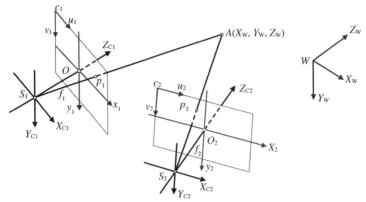

图 8.7 双目视觉坐标计算示意图

8.4.1 基于齐次方程的三维坐标计算

如式(8.70)所示的齐次方程中,根据内外参数可以构建矩阵 $\boldsymbol{M}_{3\times4}$,方程族中包含 4 个未知参数 X_W、Y_W、Z_W 和 λ。

$$\lambda \begin{bmatrix} u \\ v \\ 1 \end{bmatrix} = \boldsymbol{M}_{3\times4} \cdot \begin{bmatrix} X_\mathrm{W} \\ Y_\mathrm{W} \\ Z_\mathrm{W} \\ 1 \end{bmatrix} \tag{8.69}$$

当已知双目像片上的同名点的坐标 $(u_1、v_1)$ 和 $(u_2、v_2)$ 时,可以列出如式(8.69)的方程组

$$\begin{cases} \lambda_1 \begin{bmatrix} u_1 \\ v_1 \\ 1 \end{bmatrix} = \boldsymbol{M}_{3\times4} \cdot \begin{bmatrix} X_\mathrm{W} \\ Y_\mathrm{W} \\ Z_\mathrm{W} \\ 1 \end{bmatrix} \\[2em] \lambda_2 \begin{bmatrix} u_2 \\ v_2 \\ 1 \end{bmatrix} = \boldsymbol{N}_{3\times4} \cdot \begin{bmatrix} X_\mathrm{W} \\ Y_\mathrm{W} \\ Z_\mathrm{W} \\ 1 \end{bmatrix} \end{cases} \tag{8.70}$$

其中 λ_1、λ_2 是双目像片的投影系数,$\boldsymbol{M}_{3\times4}$、$\boldsymbol{N}_{3\times4}$ 分别是双目像片的齐次方程矩阵。用最小二乘法可以求得其中的 5 个参数 $(X_\mathrm{W}、Y_\mathrm{W}、Z_\mathrm{W}、\lambda_1、\lambda_2)$。

8.4.2　基于共线方程的三维坐标计算

在式(8.72)的共线方程中，$P(X_W、Y_W、Z_W)$是未知数。

$$\begin{cases} u = u_0 - \Delta u + f_x \dfrac{a_1(X_W - X_S) + b_1(Y_W - Y_S) + c_1(Z_W - Z_S)}{a_3(X_W - X_S) + b_3(Y_W - Y_S) + c_3(Z_W - Z_S)} \\[3mm] v = v_0 - \Delta v + f_y \dfrac{a_2(X_W - X_S) + b_2(Y_W - Y_S) + c_2(Z_W - Z_S)}{a_3(X_W - X_S) + b_3(Y_W - Y_S) + c_3(Z_W - Z_S)} \end{cases} \tag{8.71}$$

当具有足够多的三维控制点时，可以求解模型中包含的相机内外参数和畸变系数，其步骤如下：

对公式中的坐标未知数$(X_W、Y_W、Z_W)$求偏导数，用矩阵表示成：

$$\boldsymbol{A} = \begin{bmatrix} a_{11} & a_{12} & a_{13} \\ a_{21} & a_{22} & a_{23} \end{bmatrix} = \begin{bmatrix} \dfrac{\partial u}{\partial X_W} & \dfrac{\partial u}{\partial Y_W} & \dfrac{\partial u}{\partial Z_W} \\[3mm] \dfrac{\partial v}{\partial X_W} & \dfrac{\partial v}{\partial Y_W} & \dfrac{\partial v}{\partial Z_W} \end{bmatrix} \tag{8.72}$$

$$\begin{bmatrix} V_u \\ V_v \end{bmatrix} = \begin{bmatrix} a_{11} & a_{12} & a_{13} \\ a_{21} & a_{22} & a_{23} \end{bmatrix} \begin{bmatrix} X_W \\ Y_W \\ Z_W \end{bmatrix} - \begin{bmatrix} L_u \\ L_v \end{bmatrix} \tag{8.73}$$

一张像片上的点列出两个方程，是无法求出未知点坐标的，这里两张像片上的点可以列出四个方程，即

$$\begin{bmatrix} V_u^{\text{左}} \\ V_v^{\text{左}} \\ V_u^{\text{右}} \\ V_v^{\text{右}} \end{bmatrix} = \begin{bmatrix} a_{11}^{\text{左}} & a_{12}^{\text{左}} & a_{13}^{\text{左}} \\ a_{21}^{\text{左}} & a_{22}^{\text{左}} & a_{23}^{\text{左}} \\ a_{11}^{\text{右}} & a_{12}^{\text{右}} & a_{13}^{\text{右}} \\ a_{21}^{\text{右}} & a_{22}^{\text{右}} & a_{23}^{\text{右}} \end{bmatrix} \begin{bmatrix} X_W \\ Y_W \\ Z_W \end{bmatrix} - \begin{bmatrix} L_u^{\text{左}} \\ L_v^{\text{左}} \\ L_u^{\text{右}} \\ L_v^{\text{右}} \end{bmatrix} \tag{8.74}$$

用矩阵表示误差方程式为：

$$\boldsymbol{V} = \boldsymbol{D}\boldsymbol{X} - \boldsymbol{L} \tag{8.75}$$

根据最小二乘原理，矛盾方程组在满足 $\sum \boldsymbol{V}^{\text{T}} \boldsymbol{V} = \min$ 条件下的解为：

$$\boldsymbol{X} = (\boldsymbol{D}^{\text{T}} \boldsymbol{D})^{-1} (\boldsymbol{D}^{\text{T}} \boldsymbol{L}) \tag{8.76}$$

8.5 图像匹配

图像匹配是指通过一定的匹配算法在两幅或多幅图像之间识别同名点,如二维图像匹配中通过比较目标区和搜索区中相同大小的窗口的相关系数,取搜索区中相关系数最大值所对应的窗口中心点作为同名点。其实质是在基元相似性的条件下,运用匹配准则的最佳搜索问题。

图像匹配的方法很多,一般分为两大类:一类是基于灰度匹配的方法;另一类是基于特征匹配的方法。本书主要介绍几种基于灰度的图像匹配算法:平均绝对差算法(MAD)、绝对误差和算法(SAD)、误差平方和算法(SSD)、平均误差平方和算法(MSD)、归一化积相关算法(NCC)、序贯相似性检测算法(SSDA)、Hadamard 变换算法(SATD)。

模板匹配是基于像素的匹配,用来在一幅大图中查找模板图像的位置。和卷积运算一样,它也是用模板图像在输入图像(大图)上滑动,并在每一个位置对模板图像和与其对应的输入图像的子区域进行比较。根据不同的比较方法,返回的结果是一个灰度图像,每一个像素值表示了此区域与模板的匹配程度。

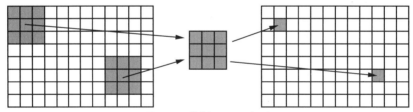

图 8.8　模板匹配示意图

首先规定一个一定大小的模板图像灰度矩阵 $m \times n$(图 8.8 中为 3×3,一般为奇数,有一个中心点),让它在匹配图像 $M \times N$(图 8.8 中为 12×8)上逐步滑动,相应的重叠范围进行相似度匹配运算,求得相似度度量值。如果得到的结果矩阵与原图像大小一致的话,那么,有效范围为$(M-m+1) \times (N-n+1)$。

1) 平均绝对差算法

平均绝对差算法(Mean Absolute Differences,简称 MAD 算法)是 Leese 在 1971年提出的一种匹配算法。它是模式识别中常用方法,该算法的思想简单,具有较高的匹配精度,广泛用于图像匹配。

设 $S(x,y)$是大小为 $M \times N$ 的匹配图像,$T(x,y)$是 $m \times n$ 的模板图像,分别如图 8.9(a)、(b)所示,这里是在(a)中找到与(b)匹配的区域。

（a）匹配图　　　　　　　　　　　　　　　　（b）模板

图 8.9　模板匹配示意图

在匹配图像 S 中,从左上角开始将模板图像在匹配图上按行按列顺序滑动,计算重叠范围内两个矩阵的相似度,采用公式(8.77)计算平均绝对差。在所有能够取到的子图中,找到与模板图最相似的子图作为最终匹配结果。显然,平均绝对差 $R(i,j)$ 越小,表明越相似,故只需找到最小的 $R(i,j)$ 即可确定能匹配的子图位置:

$$R(i,j) = \frac{1}{m \times n} \sum \sum \mid S - T \mid \tag{8.77}$$

其中:S 是匹配图像的各点灰度;T 是模板图像的各点灰度;$R(i,j)$ 是该位置的平均绝对差值。

该算法的优点在于:① 思路简单,容易理解(子图与模板图对应位置上,灰度值之差的绝对值总和,再求平均,实质计算的是子图与模板图的 L_1 距离的平均值);② 运算过程简单,匹配精度高。

算法缺点:运算量偏大,对噪声非常敏感。

2）SAD 算法

绝对误差和算法(Sum of Absolute Differences,简称 SAD 算法)。实际上,SAD算法与 MAD 算法思想几乎一致,只是其相似度测量公式由平均值变成了绝对误差和。

$$R(i,j) = \sum \sum \mid S - T \mid \tag{8.78}$$

3）SSD 算法

误差平方和算法(Sum of Squared Differences,简称 SSD 算法),也叫差方和算法。

$$R(i,j) = \frac{1}{m \times n} \sum \sum (S-T)^2 \tag{8.79}$$

4）MSD 算法

平均误差平方和算法（Mean Square Differences，简称 MSD 算法），也称均方差算法。实际上，MSD 之于 SSD，区别在于由平方和变成了平方的均值。

$$R(i,j) = \sum \sum (S-T)^2 \tag{8.80}$$

5）NCC 算法

归一化积相关算法（Normalized Cross Correlation，简称 NCC 算法），是利用子图与模板图的灰度，通过归一化的相关性度量公式来计算二者之间的匹配程度。

$$R(i,j) = \frac{\sum \sum [(S-\overline{S}) \times (T-\overline{T})]}{\sqrt{\sum \sum (S-\overline{S})^2 \times \sum \sum (T-\overline{T})^2}} \tag{8.81}$$

式中，$\overline{S}$、$\overline{T}$ 分别是重叠范围内匹配图像和模板图像的灰度均值。$R(i,j)$ 为滑动到 (i,j) 时匹配图像和模板图像的相关系数。

归一化是匹配目标之间的相关程度，将 NCC 处理的结果归到 [-1,1] 范围内。越接近 1 说明相关性越大，说明两幅图像越相似，反之相似度越低，导致无法匹配。因此 NCC 输出结果的好坏，即可设置一个阈值，通过比较来确定。由此，NCC 不仅可以作为图像匹配算法，还可作为图像拼接融合的客观评价指标，进行相似性的判别。

NCC 算法缺点：需要遍历所有点的组合，计算时间久；匹配结果受区域块大小的影响，如果区域特征块选取的范围太大，对于含有特征点少的区域块来说就会产生大量的冗余计算，从而导致算法效率低，如果选取的区域块过小，那么特征点周围的灰度信息不能很好地表达，从而容易导致误匹配。改进方法是可优化点集，将相关性低的特征点剔除（计算目标点与邻近点的距离，并设置阈值）。分析特征块大小对相关系数的影响，从而选择更合适的块大小。

NCC 算法优点在于不受灰度值线性变化影响，因此可解决亮度变化问题。适用于纹理、模糊图像以及边缘微变形图像。匹配精度高，不易出现误匹配。

6）SSDA 算法

序贯相似性检测算法（Sequential Similarity Detection Algorithm，简称 SSDA 算法），它是由 Barnea 和 Silverman 于 1972 年在 *A class of algorithms for fast digital image registration*(《一种数字图像匹配二维的快速算法》)一文中提出的一种匹配算法,是对传统模板匹配算法的改进,比 MAD 算法快几十到几百倍。

与上述算法假设相同:$S(x,y)$ 是 $M \times N$ 的匹配图像,$T(x,y)$ 是 $m \times n$ 的模板图像。SSDA 算法需要用到绝对值差的概念,其计算公式为:

$$\varepsilon(i,j) = |(S - \overline{S}) - (T - \overline{T})| \tag{8.82}$$

实际上,绝对误差就是重叠范围的匹配图像与模板图像各自去掉其均值后,对应位置之差的绝对值。

SSDA 算法的相关性度量需要设定阈值 Th,然后在模板图像中随机选取不重复的像素点,计算与匹配图像的绝对误差,将误差累加,当误差累加值超过了阈值 Th 时,记下累加次数 H,所有重叠匹配图像的累加次数 H 用 $R(i,j)$ 来表示,也就是说,超过阈值时的累加次数 H 就是度量值。SSDA 检测定义为:

$$R(i,j) = \{H \mid_{1 \leqslant H \leqslant m \times n} \min[\varepsilon(i,j) \geqslant Th]\} \tag{8.83}$$

图 8.10 给出了 A、B、C 三点的误差累计增长曲线,其中 A、B 两点偏离模板,误差增长得快;C 点增长缓慢,说明很可能是匹配点(图中 T_k 相当于上述的 Th,即阈值;$I(i,j)$ 相当于上述 $R(i,j)$,即累加次数)。

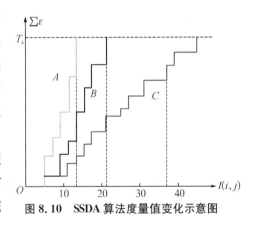

图 8.10 SSDA 算法度量值变化示意图

在计算过程中,随机点的累加误差和超过了阈值(记录累加次数 H)后,则放弃当前子图转而对下一个子图进行计算。遍历完所有子图后,选取最大 R 值所对应的(i,j)子图作为匹配图像,若 R 存在多个最大值(一般不存在),则取累加误差最小的作为匹配图像。

由于随机点累加值超过阈值 Th 后便结束当前子图的计算,所以不需要计算子图所有像素,大大提高了算法速度。为进一步提高速度,可以先进行粗配准,即隔行、隔离地选取子图,用上述算法进行粗糙的定位,然后再对定位到的子图,用同样的方法求其 8 个邻域子图的最大 R 值作为最终配准图像。这样可以有效地减少子图个数,减少计算量,提高计算速度。SSDA 算法的流程是:

① 确定子图的左上角坐标范围;

② 遍历所有可能的子图;

③ 求模板图和子图的图像均值;

④ 随机取不重复的点,求模板图和子图中该点的值与其自身图像均值的绝对误差;

⑤ 累加绝对误差,直到超过阈值。

8.6 本章代码

8.6.1 类的定义

根据三维信息感知的要求,将感知运算过程所需的运算概况成下面几个类:

1) Cpoint 类

Cpoint 类的主要功能是提供控制点的信息,用于控制点数据的输入、输出和传递。Cpoint 类的定义如下:

```
class Cpoint
    {
        //像片上控制点点号
        public int id{ get; set; }
        //像片上控制点 X
        public double xp{ get; set; }
        //像片上控制点 Y
        public double yp{ get; set; }
        //空间三维控制点 X
        public double xt{ get; set; }
        //空间三维控制点 Y
        public double yt{ get; set; }
        //空间三维控制点 Z
        public double zt{ get; set; }
    }
```

2) Cpoints 类

Cpoints 类的主要功能是提供同名点的信息,用于同一点位于两张像片上的点位计算,适用于同名点坐标的输入、传递、运算和输出。Cpoints 类的定义如下:

```
class Cpoints
    {
        //像片上点号
        public int id{ get; set; }
        //左像片点 x1y1
        public double x1{ get; set; }
        public double y1{ get; set; }
```

```
//右像片点 x2y2
public double x2{ get; set; }
public double y2{ get; set; }
//模型点坐标 xmymzm
public double xm{ get; set; }
public double ym{ get; set; }
public double zm{ get; set; }
//世界坐标系 xtytzt
public double xt{ get; set; }
public double yt{ get; set; }
public double zt{ get; set; }
//坐标精度
public double m0{ get; set; }
public double mx{ get; set; }
public double my{ get; set; }
public double mz{ get; set; }
}
```

3）CImageProcess 类

CImageProcess 类的主要功能是提供图像的输入输出、图像与矩阵的转换、图像上的目标标注等功能，定义的 red、green、blue 和 gray 属性用于保存图像的多通道分量数据，定义了彩色图像、灰度图像和矩阵的转换函数。CImageProcess 类的定义如下：

```
11          class CImageProcess
12          {
13              public int[,] red { get; set; } //红色分量矩阵
14              public int[,] green { get; set; }//绿色分量矩阵
15              public int[,] blue { get; set; } //蓝色分量矩阵
16              public int[,] gray { get; set; }//灰度矩阵
17              public Bitmap OpenBitmap()...
41              public void SaveBitmap(Bitmap dstBitmap)...
82              //灰度化
83              public Bitmap Rgb2Gray(Bitmap srcBitmap)...//#
132             //彩色图像转换为大数组
133             public byte[] RgbToByte(Bitmap srcBitmap)...//#
153             //大数组转换为彩色图像
154             public Bitmap ByteToRgb(byte[] srcBmData, int wide, int height)...//#
176             //彩色图像转换为矩阵
177             public void Rgb2Mat(Bitmap srcBitmap)...//#
217             //二维矩阵转换为灰度图像
218             public Bitmap MatGrayBitmap(int[,]a)...
254             //二维数组转换为彩色图像
255             public Bitmap MatRgbBitmap(int[,] r, int[,] g, int[,] b)...
286         }
```

4）CMat 类

CMat 类的主要功能是提供二维数字的数学运算和图像处理的操作，CMat 类由大量的函数构成，CMat 类的定义如下：

```
10      ⊟      class CMat
11      |      {
12      |          //构建零矩阵
13      ⊞          public double[,] MatZero(int m, int n)...
26      ⊞          public double[] MatZero(int m)...
36      |          //求矩阵转置
37      ⊞          public double[,] MatTrans(double[,] a)...
54      |          //矩阵的余子式
55      ⊞          public double[,] MatCof(double [,]a, int ii, int jj)...
71      |          //求行列式的值
72      ⊞          public double MatDet(double[,] a)...
102     ⊞          public double[,] MatInver2(double[,] a)...
119     |          //求矩阵相乘
120     ⊞          public double[,] MatMulti(double[,] a, double[,] b)...
144     ⊞          public double[] MatMulti(double[,] a, double[] b)...
164     |          //矩阵乘以-1
165     ⊞          public double[] MatNegat(double[] a)...
176     |          //求逆函数
177     ⊞          public double[,] MatInver(double[,] n) //求逆函数...
231     |          //求矩阵方差
232     ⊟          public double MatVaria(double[,] a)
```

5）CImage 类

```
class Cimage
    {
        //像片编号
        public double id{ get; set; }
        //内方位元素
        public double f{ get; set; }
        public double x0{ get; set; }
        public double y0{ get; set; }
        //畸变参数
        public double k1{ get; set; }
        //外参数
        public double xs{ get; set; }
        public double ys{ get; set; }
        public double zs{ get; set; }
        public double fiu{ get; set; }
        public double omg{ get; set; }
        public double kaf{ get; set; }
        //迭代计算限差
        public double ee{ get; set; }
```

```
        //直接线性变换参数
        public double l1{ get; set; }
        public double l2{ get; set; }
        public double l3{ get; set; }
        public double l4{ get; set; }
        public double l5{ get; set; }
        public double l6{ get; set; }
        public double l7{ get; set; }
        public double l8{ get; set; }
        public double l9{ get; set; }
        public double l10{ get; set; }
        public double l11{ get; set; }
        //直接线性变换方法求近似值
        public void dlt0(Cpoint[] p)
        {……}
        //直接线性变换方法严密计算 l1+ k1 参数
        public void dlt(Cpoint[] p)
        {……}
        //计算外方位元素方法,非量测相机解算,10 参数
        public void caly10(double ee,Cpoint[] p)
        {……}
    }
```

6）CImages 类

```
 9   ⊟    class Cimages
10         {
11             public double bu { get; set; }
12             public double bv { get; set; }
13             public double bw { get; set; }
14             public double dfiu1 { get; set; }
15             public double dfiu2 { get; set; }
16             public double domg2 { get; set; }
17             public double dkaf1 { get; set; }
18             public double dkaf2 { get; set; }
19             //计算单点坐标近似值
20   ⊞        public void cal0(Cimage image1, Cimage image2, Cpoints cps) […]
71             //计算多点坐标近似值
72   ⊞        public void cal0(Cimage image1, Cimage image2, Cpoints[] cps) […]
81             //单点精确计算
82   ⊞        public void cal1(Cimage image1, Cimage image2, Cpoints cps) […]
174            //多点情况下单点精确计算
175  ⊞        public void cal1(Cimage image1, Cimage image2, Cpoints[] cps) […]
184        }
```

8.6.2　程序主要代码

1）CImage 类主要函数代码

```
public void dlt0(Cpoint[] p)
      {
          int i, j, k, num;
          num= p.GetLength(0);
          double[] x1= new double[11];              //1 参数矩阵变量
          double[,] b1= new double[2, 11];          //误差方程系数矩阵
          double[] c1= new double[2];               //误差方程常数项矩阵
          double[,] n1= new double[11, 11];         //法方程系数矩阵
          double[,] q1= new double[11, 11];         //法方程系数逆矩阵
          double[] w1= new double[11];              //法方程常数项矩阵
          double[,] n3= new double[3, 3];           //法方程系数矩阵
          double[,] q3= new double[3, 3];           //法方程系数逆矩阵
          double[] w3= new double[3];               //法方程常数项矩阵
          //物方坐标重心化
          double sx, sy, sz, xt0, yt0, zt0;
          sx= 0; sy= 0; sz= 0
          for (i= 0; i < = num - 1; i+ + )
          {
              sx= sx+ p[i].xt;
              sy= sy+ p[i].yt;
              sz= sz+ p[i].zt;
          }
          xt0= sx / num; yt0= sy / num; zt0= sz / num;
          for (i= 0; i < = num - 1; i+ + )
          {
          p[i].xt= p[i].xt - xt0;
          p[i].yt= p[i].yt - yt0;
          p[i].zt= p[i].zt - zt0;
          }
          //求 1[] 参数初始值
          //法方程系数和常数项置零
          double[,] n1= mat1.MatZero(11, 11);
          double[] w1= mat1.MatZero(11);
          double[] x1= mat1.MatZero(11);
          for (k= 0; k < = num - 1; k+ + )              //各点建立误差方程并法化
          {
              //误差方程系数
              b1[0, 0]= p[k].xt;
              b1[0, 1]= p[k].yt;
              b1[0, 2]= p[k].zt;
```

```
                    b1[0, 3]= 1;
                    b1[0, 4]= 0;
                    b1[0, 5]= 0;
                    b1[0, 6]= 0;
                    b1[0, 7]= 0;
                    b1[0, 8]= p[k].xp * p[k].xt;
                    b1[0, 9]= p[k].xp * p[k].yt;
                    b1[0, 10]= p[k].xp * p[k].zt;

                    b1[1, 0]= 0;
                    b1[1, 1]= 0;
                    b1[1, 2]= 0;
                    b1[1, 3]= 0;
                    b1[1, 4]= p[k].xt;
                    b1[1, 5]= p[k].yt;
                    b1[1, 6]= p[k].zt;
                    b1[1, 7]= 1;
                    b1[1, 8]= p[k].yp * p[k].xt;
                    b1[1, 9]= p[k].yp * p[k].yt;
                    b1[1, 10]= p[k].yp * p[k].zt;

                    c1[0]= - p[k].xp;
                    c1[1]= - p[k].yp;
                    n1= mat1.MatMulti(mat1.MatTrans(b1), b1);
                    w1= mat1.MatMulti(mat1.MatTrans(b1), l1);
                }
            CMat mat1= new CMat();
            q1= mat1.MatInver(n1);
            x1= mat1.MatMulti(q1, w1);
            l1= x1[0];
            l2= x1[1];
            l3= x1[2];
            l4= x1[3];
            l5= x1[4];
            l6= x1[5];
            l7= x1[6];
            l8= x1[7];
            l9= x1[8];
            l10= x1[9];
            l11= x1[10];
            x0= - (l1 * l9+ l2 * l10+ l3 * l11) / (l9 * l9+ l10 * l10+ l11 *
        l11);

            y0= - (l5 * l9+ l6 * l10+ l7 * l11) / (l9 * l9+ l10 * l10+ l11 *
        l11);

            double r3; ia; ib; ic; db, ds;
```

```
r3= 1 / Math.Sqrt(l9 * l9+ l10 * l10+ l11 * l11);
ia= r3 * r3 * (l1 * l1+ l2 * l2+ l3 * l3) - x0 * x0;
ib= r3 * r3 * (l5 * l5+ l6 * l6+ l7 * l7) - y0 * y0;
ic= r3 * r3 * (l1 * l5+ l2 * l6+ l3 * l7) - x0 * y0;
db= Math.Asin(ic * ic / ia / ib);
ds= Math.Sqrt(ia / ib) - 1;
f= Math.Sqrt(ia) * Math.Cos(db);
//求 XS,YS,ZS
n3[0, 0]= l1;
n3[0, 1]= l2;
n3[0, 2]= l3;
n3[1, 0]= l5;
n3[1, 1]= l6;
n3[1, 2]= l7;
n3[2, 0]= l9;
n3[2, 1]= l10;
n3[2, 2]= l11;
w3[0]= - l4;
w3[1]= - l8;
w3[2]= - 1;
q3= Mat1. MatInver (n3);
xs= q3[0, 0] * w3[0]+ q3[0, 1] * w3[1]+ q3[0, 2] * w3[2];
ys= q3[1, 0] * w3[0]+ q3[1, 1] * w3[1]+ q3[1, 2] * w3[2];
zs= q3[2, 0] * w3[0]+ q3[2, 1] * w3[1]+ q3[2, 2] * w3[2];
xs= xs+ xt0;
ys= ys+ yt0;
zs= zs+ zt0;
//求 fiu,omg,kaf
double ra3= r3 * l9;
double rb3= r3 * l10;
double rc3= r3 * l11;
double rb2= (l6 * r3+ rb3 * y0) * (1+ ds) * Math.Cos(db) / f;
double rb1= (l2 * r3+ rb2 * f * Math.Tan(db)+ rb3 * x0) / f;
double ra2= (l5 * r3+ ra3 * y0) * (1+ ds) * Math.Cos(db) / f;
double ra1= (l1 * r3+ ra2 * f * Math.Tan(db)+ ra3 * x0) / f;
double rc2= (l7 * r3+ rc3 * y0) * (1+ ds) * Math.Cos(db) / f;
double rc1= (l3 * r3+ rc2 * f * Math.Tan(db)+ rc3 * x0) / f;
fiu= Math.Atan(- ra3 / rc3);
omg= Math.Asin(- rb3);
kaf= Math.Atan(rb1 / rb2);
for (k= 0; k < = num - 1; k+ + )
{
p[k].xt= p[k].xt+ xt0;
p[k].yt= p[k].yt+ yt0;
p[k].zt= p[k].zt+ zt0;
```

```
            }
     }
//直接线性变换方法严密计算 11+ k1 参数
public void dlt(Cpoint[] p)
{
     int i, j, k, num;
     int chi= 0;
     num= p.GetLength(0);
     double a, r, r3, ia, ib, ic, db, ds, fx0= 0, fx, fy, dfx;
     double[] x1= new double[11];              //1 参数矩阵变量
     double[,] b1= new double[2, 11];          //误差方程系数矩阵
     double[] c1= new double[2];               //误差方程常数项矩阵
     double[,] n1= new double[11, 11];         //法方程系数矩阵
     double[,] q1= new double[11, 11];         //法方程系数逆矩阵
     double[] w1= new double[11];              //法方程常数项矩阵

     double[] x2= new double[12];              //1 参数矩阵变量
     double[,] b2= new double[2, 12];          //误差方程系数矩阵
     double[] c2= new double[2];               //误差方程常数项矩阵
     double[,] n2= new double[12, 12];         //法方程系数矩阵
     double[,] q2= new double[12, 12];         //法方程系数逆矩阵
     double[] w2= new double[12];              //法方程常数项矩阵

     double[,] n3= new double[3, 3];           //法方程系数矩阵
     double[,] q3= new double[3, 3];           //法方程系数逆矩阵
     double[] w3= new double[3];               //法方程常数项矩阵

     //物方坐标重心化
     double sx, sy, sz;
     double xt0, yt0, zt0;
     sx= 0; sy= 0; sz= 0;
     for (i= 0; i < = num - 1; i+ + )
     {
      sx= sx+ p[i].xt;
      sy= sy+ p[i].yt;
      sz= sz+ p[i].zt;
     }
     xt0= sx / num;
     yt0= sy / num;
     zt0= sz / num;
     for (i= 0; i < = num - 1; i+ + )
     {
         p[i].xt= p[i].xt - xt0;
         p[i].yt= p[i].yt - yt0;
         p[i].zt= p[i].zt - zt0;
```

```
    }
    //求 1[]参数初始值
    double[,] n1= mat1.MatZero(11, 11);
    double[] w1= mat1.MatZero(11);
    double[] x1= mat1.MatZero(11);

    for (k= 0; k < = num - 1; k+ + )              //各点建立误差方程并法化
    {
        //误差方程系数
        b1[0, 0]= p[k].xt;
        b1[0, 1]= p[k].yt;
        b1[0, 2]= p[k].zt;
        b1[0, 3]= 1;
        b1[0, 4]= 0;
        b1[0, 5]= 0;
        b1[0, 6]= 0;
        b1[0, 7]= 0;
        b1[0, 8]= p[k].xp * p[k].xt;
        b1[0, 9]= p[k].xp * p[k].yt;
        b1[0, 10]= p[k].xp * p[k].zt;

        b1[1, 0]= 0;
        b1[1, 1]= 0;
        b1[1, 2]= 0;
        b1[1, 3]= 0;
        b1[1, 4]= p[k].xt;
        b1[1, 5]= p[k].yt;
        b1[1, 6]= p[k].zt;
        b1[1, 7]= 1;
        b1[1, 8]= p[k].yp * p[k].xt;
        b1[1, 9]= p[k].yp * p[k].yt;
        b1[1, 10]= p[k].yp * p[k].zt;

        c1[0]= - p[k].xp;
        c1[1]= - p[k].yp;

        n1= mat1.MatMulti(mat1.MatTrans(b1), b1);
        w1= mat1.MatMulti(mat1.MatTrans(b1), l1);
    }
    CMat mat1= new CMat();
    q1= mat1.MatInver(n1);
    x1= mat1.MatMulti(q1, w1);
    l1= x1[0];
    l2= x1[1];
    l3= x1[2];
```

```
        l4= x1[3];
        l5= x1[4];
        l6= x1[5];
        l7= x1[6];
        l8= x1[7];
        l9= x1[8];
        l10= x1[9];
        l11= x1[10];
        x0= - (l1 * l9+ l2 * l10+ l3 * l11) / (l9 * l9+ l10 * l10+ l11 *
l11);
        y0= - (l5 * l9+ l6 * l10+ l7 * l11) / (l9 * l9+ l10 * l10+ l11 *
l11);
        dfx= 10;
    do{ //迭代计算入口,精确计算时求 l 参数
    double[,] n2= mat1.MatZero(12, 12);
    double[] w2= mat1.MatZero(12);
    double[] x2= mat1.MatZero(12);
    for (k= 0; k < = num - 1; k+ + )              //各点建立误差方程并法化
    {
        a= l9 * p[k].xt+ l10 * p[k].yt+ l11 * p[k].zt+ 1;
        r= Math.Sqrt((p[k].xp - x0) * (p[k].xp - x0)+ (p[k].yp - y0)
* (p[k].yp - y0));
            //误差方程系数
        b2[0, 0]= p[k].xt / a;
        b2[0, 1]= p[k].yt / a;
        b2[0, 2]= p[k].zt / a;
        b2[0, 3]= 1 / a;
        b2[0, 4]= 0;
        b2[0, 5]= 0;
        b2[0, 6]= 0;
        b2[0, 7]= 0;
        b2[0, 8]= p[k].xp * p[k].xt / a;
        b2[0, 9]= p[k].xp * p[k].yt / a;
        b2[0, 10]= p[k].xp * p[k].zt / a;
        b2[0, 11]= (p[k].xp - x0) * r * r;

        b2[1, 0]= 0;
        b2[1, 1]= 0;
        b2[1, 2]= 0;
        b2[1, 3]= 0;
        b2[1, 4]= p[k].xt / a;
        b2[1, 5]= p[k].yt / a;
        b2[1, 6]= p[k].zt / a;
        b2[1, 7]= 1 / a;
        b2[1, 8]= p[k].yp * p[k].xt / a;
```

```
                    b2[1, 9]= p[k].yp * p[k].yt / a;
                    b2[1, 10]= p[k].yp * p[k].zt / a;
                    b2[1, 11]= (p[k].yp - y0) * r * r;

                    c2[0]= - p[k].xp / a;
                    c2[1]= - p[k].yp / a;

                    N2= mat1.MatMulti(mat1.MatTrans(b2), b2);
                    W2= mat1.MatMulti(mat1.MatTrans(b2), l2);
                }
            q2= mat1.MatInver(n2);
            x2= mat1.MatMulti(q2, w2);

            l1= x2[0];
            l2= x2[1];
            l3= x2[2];
            l4= x2[3];
            l5= x2[4];
            l6= x2[5];
            l7= x2[6];
            l8= x2[7];
            l9= x2[8];
            l10= x2[9];
            l11= x2[10];
            k1= x2[11];

            x0= - (l1 * l9+ l2 * l10+ l3 * l11) / (l9 * l9+ l10 * l10+ l11 *
    l11);
            y0= - (l5 * l9+ l6 * l10+ l7 * l11) / (l9 * l9+ l10 * l10+ l11 *
    l11);
            r3= 1 / Math.Sqrt(l9 * l9+ l10 * l10+ l11 * l11);
            ia= r3 * r3 * (l1 * l1+ l2 * l2+ l3 * l3) - x0 * x0;
            ib= r3 * r3 * (l5 * l5+ l6 * l6+ l7 * l7) - y0 * y0;
            ic= r3 * r3 * (l1 * l5+ l2 * l6+ l3 * l7) - x0 * y0;
            db= Math.Asin(ic * ic / ia / ib);
            ds= Math.Sqrt(ia / ib) - 1;
            fx= Math.Sqrt(ia) * Math.Cos(db);
            fy= fx / (1+ ds);
            dfx= Math.Abs(fx - fx0);
            fx0= fx;
        } while (dfx > = ee);
            x0= - (l1 * l9+ l2 * l10+ l3 * l11) / (l9 * l9+ l10 * l10+ l11 *
    l11);
            y0= - (l5 * l9+ l6 * l10+ l7 * l11) / (l9 * l9+ l10 * l10+ l11 *
    l11);
```

```
r3= 1 / Math.Sqrt(l9 * l9+ l10 * l10+ l11 * l11);
ia= r3 * r3 * (l1 * l1+ l2 * l2+ l3 * l3) - x0 * x0;
ib= r3 * r3 * (l5 * l5+ l6 * l6+ l7 * l7) - y0 * y0;
ic= r3 * r3 * (l1 * l5+ l2 * l6+ l3 * l7) - x0 * y0;
db= Math.Asin(ic * ic / ia / ib);
ds= Math.Sqrt(ia / ib) - 1;
f= Math.Sqrt(ia) * Math.Cos(db);
//求 XS,YS,ZS
n3[0, 0]= l1;
n3[0, 1]= l2;
n3[0, 2]= l3;
n3[1, 0]= l5;
n3[1, 1]= l6;
n3[1, 2]= l7;
n3[2, 0]= l9;
n3[2, 1]= l10;
n3[2, 2]= l11;
w3[0]= - l4;
w3[1]= - l8;
w3[2]= - 1;
q3= Mat1.inv(n3);
xs= q3[0, 0] * w3[0]+ q3[0, 1] * w3[1]+ q3[0, 2] * w3[2];
ys= q3[1, 0] * w3[0]+ q3[1, 1] * w3[1]+ q3[1, 2] * w3[2];
zs= q3[2, 0] * w3[0]+ q3[2, 1] * w3[1]+ q3[2, 2] * w3[2];
xs= xs+ xt0;
ys= ys+ yt0;
zs= zs+ zt0;
//求 fiu,omg,kaf
double ra3= r3 * l9;
double rb3= r3 * l10;
double rc3= r3 * l11;
double rb2= (l6 * r3+ rb3 * y0) * (1+ ds) * Math.Cos(db) / f;
double rb1= (l2 * r3+ rb2 * f * Math.Tan(db)+ rb3 * x0) / f;
double ra2= (l5 * r3+ ra3 * y0) * (1+ ds) * Math.Cos(db) / f;
double ra1= (l1 * r3+ ra2 * f * Math.Tan(db)+ ra3 * x0) / f;
double rc2= (l7 * r3+ rc3 * y0) * (1+ ds) * Math.Cos(db) / f;
double rc1= (l3 * r3+ rc2 * f * Math.Tan(db)+ rc3 * x0) / f;
//y 主轴
fiu= Math.Atan(- ra3 / rc3);
omg= Math.Asin(- rb3);
kaf= Math.Atan(rb1 / rb2);
for (k= 0; k < = num - 1; k+ + )
{
p[k].xt= p[k].xt+ xt0;
p[k].yt= p[k].yt+ yt0;
```

```
        p[k].zt= p[k].zt+ zt0;
    }
}
//计算外方位元素方法,非量测相机解算
public void caly10(double ee,Cpoint[] p)
{
    //读取
    int i, j, k, num;
    num= p.GetLength(0);
    double r, xr, yr;
    double a1, a2, a3, b1, b2, b3, c1, c2, c3;
    double xh, yh, zh;
    double[] fx= new double[num];
    double[] fy= new double[num];
    double[] vx= new double[num];
    double[] vy= new double[num];
    //定义平差计算变量
    double[,] b= new double[2, 10];
    double[] l= new double[2];
    double[,] n= new double[10, 10];
    double[] w= new double[10];
    double[,] q= new double[10, 10];
    double[] x= new double[10];
    double xp0, yp0;
    int chi= 0;
    //开始迭代计算
do{
    double[,] n= mat1.MatZero(10, 10);
    double[] w= mat1.MatZero(10);
    double[] x= mat1.MatZero(10);
    //y主轴
    a1= Math.Cos(fiu) * Math.Cos(kaf) - Math.Sin(fiu) * Math.Sin
(omg) * Math.Sin(kaf);
    a2= - Math.Cos(fiu) * Math.Sin(kaf) - Math.Sin(fiu) * Math.Sin
(omg) * Math.Cos(kaf);
    a3= - Math.Sin(fiu) * Math.Cos(omg);
    b1= Math.Cos(omg) * Math.Sin(kaf);
    b2= Math.Cos(omg) * Math.Cos(kaf);
    b3= - Math.Sin(omg);
    c1= Math.Sin(fiu) * Math.Cos(kaf) + Math.Cos(fiu) * Math.Sin
(omg) * Math.Sin(kaf);
    c2= - Math.Sin(fiu) * Math.Sin(kaf) + Math.Cos(fiu) * Math.Sin
(omg) * Math.Cos(kaf);
    c3= Math.Cos(fiu) * Math.Cos(omg);
    // 逐点建立误差法方程
```

```
        for (k= 0; k < = num - 1; k+ + )
        {
            r= Math.Sqrt((p[k].xp - x0) * (p[k].xp - x0)+ (p[k].yp - y0)
* (p[k].yp - y0));
            xr= k1 * r * r * (p[k].xp - x0);
            yr= k1 * r * r * (p[k].yp - y0);
            xh= a1 * (p[k].xt - xs)+ b1 * (p[k].yt - ys)+ c1 * (p[k].zt -
zs);
            yh= a2 * (p[k].xt - xs)+ b2 * (p[k].yt - ys)+ c2 * (p[k].zt -
zs);
            zh= a3 * (p[k].xt - xs)+ b3 * (p[k].yt - ys)+ c3 * (p[k].zt -
zs);
            xp0= - f * (xh / zh);
            yp0= - f * (yh / zh);
            l[0]= p[k].xp - x0+ xr - xp0;
            l[1]= p[k].yp - y0+ yr - yp0;
            vx[k]= l[0];
            vy[k]= l[1];

            b[0, 0]= (a1 * f+ a3 * (p[k].xp - x0)) / zh;
            b[0, 1]= (b1 * f+ b3 * (p[k].xp - x0)) / zh;
            b[0, 2]= (c1 * f+ c3 * (p[k].xp - x0)) / zh;
            b[1, 0]= (a2 * f+ a3 * (p[k].yp - y0)) / zh;
            b[1, 1]= (b2 * f+ b3 * (p[k].yp - y0)) / zh;
            b[1, 2]= (c2 * f+ c3 * (p[k].yp - y0)) / zh;
            b[0, 3]= (p[k].yp - y0) * Math.Sin(omg) - ((p[k].xp - x0) / f *
((p[k].xp - x0) * Math.Cos(kaf) - (p[k].yp - y0) * Math.Sin(kaf))+ f *
Math.Cos(kaf)) * Math.Cos(omg);
            b[0, 4]= - f * Math.Sin(kaf) - (p[k].xp - x0) / f * ((p[k].xp -
x0) * Math.Sin(kaf)+ (p[k].yp - y0) * Math.Cos(kaf));
            b[0, 5]= (p[k].yp - y0);
            b[1, 3]= - (p[k].xp - x0) * Math.Sin(omg) - ((p[k].yp - y0) / f
* ((p[k].xp - x0) * Math.Cos(kaf) - (p[k].yp - y0) * Math.Sin(kaf)) - f *
Math.Sin(kaf)) * Math.Cos(omg);
            b[1, 4]= - f * Math.Cos(kaf) - (p[k].yp - y0) / f * ((p[k].xp -
x0) * Math.Sin(kaf)+ (p[k].yp - y0) * Math.Cos(kaf));
            b[1, 5]= - (p[k].xp - x0);
            b[0, 6]= (p[k].xp - x0) / f;
            b[1, 6]= (p[k].yp - y0) / f;

            b[0, 7]= 1;
            b[0, 8]= 0;
            b[1, 7]= 0;
            b[1, 8]= 1;
            b[0, 9]= - r * r * (p[k].xp - x0);
```

```
        b[1, 9]= - r * r * (p[k].yp - y0);
        //逐点建立法方程
        n= mat1.MatMulti(mat1.MatTrans(b), b);
        w= mat1.MatMulti(mat1.MatTrans(b), 1);
    }
    q= mat1.MatInver(n);
    x= mat1.MatMulti(q, w);
    xs= xs + x[0];
    ys= ys + x[1];
    zs= zs + x[2];
    fiu= fiu + x[3];
    omg= omg + x[4];
    kaf= kaf + x[5];
    f= f + x[6];
    x0= x0 + x[7];
    y0= y0 + x[8];
    k1= k1 + x[9];
    doubledmax= Math.Abs(x[0]);
    for (i= 1; i < = 9; i+ + )
    {
        if (Math.Abs(x[i]) > = max)
        {
            dmax= Math.Abs(x[i]);
        }
    }
} while (dmax > = ee);
    //精度评定
    double m0;
    double vv= 0;
    for (k= 0; k < = num - 1; k+ + )
    {
        vv= vv+ vx[k] * vx[k]+ vy[k] * vy[k];
    }
    m0= Math.Sqrt(vv / (2 * num - 10));
}
```

2）CImages 类主要函数代码

```
//计算单点坐标近似值
    public void cal0(Cimage image1, Cimage image2, Cpoints cps)
    {
        double a1, a2, a3, b1, b2, b3, c1, c2, c3;
        double d1, d2, d3, e1, e2, e3, f1, f2, f3;
        double u1, v1, w1;
        double u2, v2, w2;
```

```
        double bx, by, bz;
        double n1, n2;
        //左像点计算
        a1= Math.Cos(image1.fiu) * Math.Cos(image1.kaf) - Math.Sin
(image1.fiu) * Math.Sin(image1.omg) * Math.Sin(image1.kaf);
        a2= - Math.Cos(image1.fiu) * Math.Sin(image1.kaf) - Math.
Sin(image1.fiu) * Math.Sin(image1.omg) * Math.Cos(image1.kaf);
        a3= - Math.Sin(image1.fiu) * Math.Cos(image1.omg);
        b1= Math.Cos(image1.omg) * Math.Sin(image1.kaf);
        b2= Math.Cos(image1.omg) * Math.Cos(image1.kaf);
        b3= - Math.Sin(image1.omg);
        c1= Math.Sin(image1.fiu) * Math.Cos(image1.kaf) + Math.Cos
(image1.fiu) * Math.Sin(image1.omg) * Math.Sin(image1.kaf);
        c2= - Math.Sin(image1.fiu) * Math.Sin(image1.kaf) + Math.Cos
(image1.fiu) * Math.Sin(image1.omg) * Math.Cos(image1.kaf);
        c3= Math.Cos(image1.fiu) * Math.Cos(image1.omg);

        u1= a1 * (cps.x1 - image1.x0) + a2 * (cps.y1 - image1.y0) - a3
* image1.f;
        v1= b1 * (cps.x1 - image1.x0) + b2 * (cps.y1 - image1.y0) - b3
* image1.f;
        w1= c1 * (cps.x1 - image1.x0) + c2 * (cps.y1 - image1.y0) - c3
* image1.f;


        //右像点计算
        d1= Math.Cos(image2.fiu) * Math.Cos(image2.kaf) - Math.Sin
(image2.fiu) * Math.Sin(image2.omg) * Math.Sin(image2.kaf);
        d2= - Math.Cos(image2.fiu) * Math.Sin(image2.kaf) - Math.
Sin(image2.fiu) * Math.Sin(image2.omg) * Math.Cos(image2.kaf);
        d3= - Math.Sin(image2.fiu) * Math.Cos(image2.omg);
        e1= Math.Cos(image2.omg) * Math.Sin(image2.kaf);
        e2= Math.Cos(image2.omg) * Math.Cos(image2.kaf);
        e3= - Math.Sin(image2.omg);
        f1= Math.Sin(image2.fiu) * Math.Cos(image2.kaf) + Math.Cos
(image2.fiu) * Math.Sin(image2.omg) * Math.Sin(image2.kaf);
        f2= - Math.Sin(image2.fiu) * Math.Sin(image2.kaf) + Math.Cos
(image2.fiu) * Math.Sin(image2.omg) * Math.Cos(image2.kaf);
        f3= Math.Cos(image2.fiu) * Math.Cos(image2.omg);

        u2= d1 * (cps.x2 - image2.x0) + d2 * (cps.y2 - image2.y0) - d3
* image2.f;
        v2= e1 * (cps.x2 - image2.x0) + e2 * (cps.y2 - image2.y0) - e3
* image2.f;
        w2= f1 * (cps.x2 - image2.x0) + f2 * (cps.y2 - image2.y0) - f3
* image2.f;
```

```
        //坐标计算
        bx= image2.xs - image1.xs;
        by= image2.ys - image1.ys;
        bz= image2.zs - image1.zs;

        n1= (bx * w2 - bz * u2) / (u1 * w2 - u2 * w1);
        n2= (bx * w1 - bz * u1) / (u1 * w2 - u2 * w1);

        cps.xt= image1.xs+ n1 * u1;
        cps.yt= ((image1.ys+ n1 * v1)+ (image2.ys+ n2 * v2)) / 2;
        cps.zt= image1.zs+ n1 * w1;
    }

    //计算多点坐标近似值
    public void cal0(Cimage image1, Cimage image2,Cpoints[] cps)
    {
        int i, num;
        num= cps.GetLength(0);
        for (i= 0; i < = num - 1; i+ + )
        {
            cal0(image1, image2, cps[i]);
        }
    }

    //单点精确计算
    public void cal1(Cimage image1, Cimage image2, Cpoints cps)
    {
        //定义平差计算变量
        CMat mat1= newCMat();
        int i;
        double[,] b= mat1.MatZero(4, 3);
        double[] l= mat1.MatZero(4);
        double[,] n= mat1.MatZero(3, 3);
        double[] w= mat1.MatZero(3); ;
        double[,] q= mat1.MatZero(3, 3);
        double[] x= mat1.MatZero(3);
        double a1, a2, a3, b1, b2, b3, c1, c2, c3;
        double d1, d2, d3, e1, e2, e3, f1, f2, f3;
        double xh, yh, zh;
        double xp0, yp0;
        //左像点计算
         a1= Math.Cos(image1.fiu) * Math.Cos(image1.kaf) - Math.Sin
(image1.fiu) * Math.Sin(image1.omg) * Math.Sin(image1.kaf);
        a2= - Math.Cos(image1.fiu) * Math.Sin(image1.kaf) - Math.Sin
(image1.fiu) * Math.Sin(image1.omg) * Math.Cos(image1.kaf);
```

```
        a3= - Math.Sin(image1.fiu) * Math.Cos(image1.omg);
        b1= Math.Cos(image1.omg) * Math.Sin(image1.kaf);
        b2= Math.Cos(image1.omg) * Math.Cos(image1.kaf);
        b3= - Math.Sin(image1.omg);
        c1= Math.Sin(image1.fiu) * Math.Cos(image1.kaf) + Math.Cos
(image1.fiu) * Math.Sin(image1.omg) * Math.Sin(image1.kaf);
        c2= - Math.Sin(image1.fiu) * Math.Sin(image1.kaf) + Math.Cos
(image1.fiu) * Math.Sin(image1.omg) * Math.Cos(image1.kaf);
        c3= Math.Cos(image1.fiu) * Math.Cos(image1.omg);

        xh= a1 * (cps.xt - image1.xs) + b1 * (cps.yt - image1.ys) + c1 *
(cps.zt - image1.zs);
        yh= a2 * (cps.xt - image1.xs) + b2 * (cps.yt - image1.ys) + c2 *
(cps.zt - image1.zs);
        zh= a3 * (cps.xt - image1.xs) + b3 * (cps.yt - image1.ys) + c3 *
(cps.zt - image1.zs);

        xp0= - image1.f * (xh / zh);
        yp0= - image1.f * (yh / zh);
        l[0]= cps.x1 - image1.x0 - xp0;
        l[1]= cps.y1 - image1.y0 - yp0;

        b[0, 0]= - (a1 * image1.f+ a3 * (cps.x1 - image1.x0)) / zh;
        b[0, 1]= - (b1 * image1.f+ b3 * (cps.x1 - image1.x0)) / zh;
        b[0, 2]= - (c1 * image1.f+ c3 * (cps.x1 - image1.x0)) / zh;
        b[1, 0]= - (a2 * image1.f+ a3 * (cps.y1 - image1.y0)) / zh;
        b[1, 1]= - (b2 * image1.f+ b3 * (cps.y1 - image1.y0)) / zh;
        b[1, 2]= - (c2 * image1.f+ c3 * (cps.y1 - image1.y0)) / zh;
        //右像点计算
        d1= Math.Cos(image2.fiu) * Math.Cos(image2.kaf) - Math.Sin
(image2.fiu) * Math.Sin(image2.omg) * Math.Sin(image2.kaf);
        d2= - Math.Cos(image2.fiu) * Math.Sin(image2.kaf) - Math.Sin
(image2.fiu) * Math.Sin(image2.omg) * Math.Cos(image2.kaf);
        d3= - Math.Sin(image2.fiu) * Math.Cos(image2.omg);
        e1= Math.Cos(image2.omg) * Math.Sin(image2.kaf);
        e2= Math.Cos(image2.omg) * Math.Cos(image2.kaf);
        e3= - Math.Sin(image2.omg);
        f1= Math.Sin(image2.fiu) * Math.Cos(image2.kaf) + Math.Cos
(image2.fiu) * Math.Sin(image2.omg) * Math.Sin(image2.kaf);
        f2= - Math.Sin(image2.fiu) * Math.Sin(image2.kaf) + Math.Cos
(image2.fiu) * Math.Sin(image2.omg) * Math.Cos(image2.kaf);
        f3= Math.Cos(image2.fiu) * Math.Cos(image2.omg);

        xh= d1 * (cps.xt - image2.xs) + e1 * (cps.yt - image2.ys) + f1 *
(cps.zt - image2.zs);
```

```
        yh= d2 * (cps.xt - image2.xs)+ e2 * (cps.yt - image2.ys)+ f2 *
(cps.zt - image2.zs);
        zh= d3 * (cps.xt - image2.xs)+ e3 * (cps.yt - image2.ys)+ f3 *
(cps.zt - image2.zs);

        xp0= - image2.f * (xh / zh);
        yp0= - image2.f * (yh / zh);
        l[2]= cps.x2 - image2.x0 - xp0;
        l[3]= cps.y2 - image2.y0 - yp0;

        b[2, 0]= - (d1 * image2.f+ d3 * (cps.x2 - image2.x0)) / zh;
        b[2, 1]= - (e1 * image2.f+ e3 * (cps.x2 - image2.x0)) / zh;
        b[2, 2]= - (f1 * image2.f+ f3 * (cps.x2 - image2.x0)) / zh;
        b[3, 0]= - (d2 * image2.f+ d3 * (cps.y2 - image2.y0)) / zh;
        b[3, 1]= - (e2 * image2.f+ e3 * (cps.y2 - image2.y0)) / zh;
        b[3, 2]= - (f2 * image2.f+ f3 * (cps.y2 - image2.y0)) / zh;

        n= mat1.MatMulti(mat1.MatTrans(b), b);
        w= mat1.MatMulti(mat1.MatTrans(b), l);
        q= mat1.MatInver(n);
        x= mat1.MatMulti(q, w);

        cps.xt= cps.xt+ x[0];
        cps.yt= cps.yt + x[1];
        cps.zt= cps.zt+ x[2];

        double[] bx= mat1.MatMulti(b, x);
        double vv= 0;
        for (i= 0; i < = 3; i+ + )
        {
            vv= vv+ (bx[i] - l[i]) * (bx[i] - l[i]);
        }
        cps.m0= Math.Sqrt(vv);
        cps.mx= cps.m0 * Math.Sqrt(q[0, 0]);
        cps.my= cps.m0 * Math.Sqrt(q[1, 1]);
        cps.mz= cps.m0 * Math.Sqrt(q[2, 2]);
    }

//多点情况下单点精确计算
public void cal1(Cimage image1, Cimage image2,Cpoints[] cps)
{
    int i, num;
    num= cps.GetLength(0);
    for (i= 0; i < = num - 1; i+ + )
    {
```

```
        cal1(image1, image2, cps[i]);
    }
}
```

习　题

1. 解释计算机视觉中常用的坐标系有哪些,并描述它们之间的关系和转换。

2. 推导世界坐标系与像素坐标系之间的转换公式,并解释其中各个参数的含义。

3. 讨论直接线性变换(DLT)在相机标定和三维重建中的应用。

4. 描述张正友标定法的基本原理和步骤,并讨论其在相机标定中的优势。

5. 解释三维控制场标定法的概念,并讨论它与张正友标定法的区别。

6. 推导共线方程模型,并解释如何利用它进行相机标定。

7. 解释二维直接线性变换标定法的原理,并讨论其在实际应用中的局限性。

8. 讨论如何从相机坐标系计算世界坐标系中的三维坐标,并给出计算过程。

9. 解释图像匹配的基本概念,并讨论在三维重建中图像匹配的重要性。

10. 设计一个综合应用题,要求结合计算机视觉坐标系、坐标转换、相机标定和图像匹配等知识点,解决一个具体的三维信息感知问题。

◇第九章
高速公路路面抛洒物立体
检测方法

高速公路抛洒物是造成重大交通事故的隐患,为了实现快速主动发现高速公路突然出现的抛洒物,利用路侧摄影机对路面进行全程"视频事件检测",实现自动化发现、判别、预警抛洒物事件的功能。

9.1　概述

抛洒物立体检测主要在高速公路监控系统中融合图像采集模块、处理分析系统和联动系统构成,其系统构成与检测流程见图 9.1 和图 9.2。

如图 9.2 所示,首先通过安装在路侧的两台高清摄像机采集立体图像;然后对图像进行去除噪声、几何校正、抖动消除、去除运动目标;接着提取两幅图像中的特征点并进行特征点匹配,根据相机的内外参数计算特征点对应的三维坐标;最后将三维坐标与路面 DEM 相比对,当高于路面 DEM 的特征点超过阈值并且点数达到一定数量时,判断这些特征点就是路面抛洒物。

9.2　外场摄像机布设

试验场建立在宁杭高速公路溧水东收费站东侧约 2 km 处,主要涉及平面、立面布置和摄像机安装两大部分。

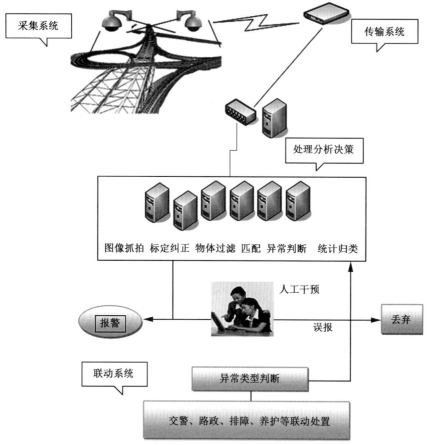

图 9.1　基于立体视觉的视频事件检测技术实时方案

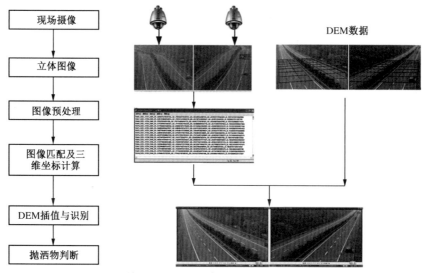

图 9.2　基于立体视觉的高速公路抛洒物识别流程图

1）平面、立面布置

现场布设两组、六个 HD-SDI 高清摄像机，在桩号 2090＋700 处沿道路中心线垂线在同一平面上安放，视线范围向杭州方向可观测到约 1200 m 道路路面，向南京方向可观测到约 600 m 道路路面。图 9.3 为试验场地摄像机布置平面图。

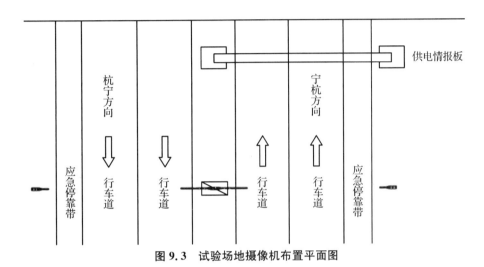

图 9.3　试验场地摄像机布置平面图

道路两侧分别布有两个摄像头，组成"长基线摄像机对"；中分带布设四个摄像头，组成"短基线摄像机对"，提供给项目组分别进行对应的研究和实验，图 9.4 为试验场地摄像机布置立面图。

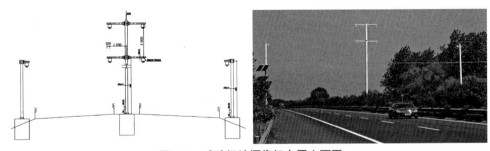

图 9.4　试验场地摄像机布置立面图

2）摄像机安装

摄像机安装高度距路面分别为 12 m 和 15 m，摄像机牢固安装在支撑杆上，使摄像机处于最大额定风速下，从监视器上看不出明显晃动。摄像机立柱顶端设置避雷针，避雷针长度保证摄像机位于保护范围内，但不妨碍摄像机的日常转动和监视。摄像机避雷针和立柱为一体化结构。外场设备安装完成后，还需要在机房终端处再次检查确认,各路摄像机图像清晰度、稳定性是否符合要求,同时对各摄像机分别进行控制,检查摄像云台转动、变倍、变焦运行是否正常,并在整个项目进行过程中定期对摄像机、电源及相关传输控制设备做好日常维护保养工作,确保项目顺利进行。

9.3 世界坐标系的建立及相机的三维标定

9.3.1 世界坐标系的选择与建立

坐标系是描述路面空间立体模型的基准,从理论上讲,坐标系可以有多种,因建立模型是为了后面的使用,高速公路路面是地球表面的一个空间几何实体,所以坐标系选择了描述地球空间的坐标系统。

地球空间的坐标系统是建立在参考椭球上的区域(国际或国家)坐标系,如地理坐标系(B、L、H),空间三维坐标系(X、Y、Z)、高斯直角坐标系(x、y、H),而椭球体也有几种,如克拉索夫斯基椭球、IAG-75 椭球、WGS84 椭球等,为了使用方便及与立体视觉等其他的衔接,本项目三维模型坐标系最终选择我国常用的描述地球表面的坐标系,基于克拉索夫斯基椭球的地方高斯投影平面坐标系(x、y),即平面采用 1954 年北京坐标系,中央子午线 119°,高程为 85 高程系(H)。

坐标系统基准的建立是利用 GPS 测量方法,用江苏 CORS 沿高速公路方向测量两点 D01、D02 的平面坐标和高程,因江苏 CORS 测量精度为 2 cm,为了提高定位精度,计算这两个点的方位角,再利用全站仪重新测量两点距离,最后以 D01 坐标为位置基准,以 D01→D02 方位角为方向基准,全站仪测量的 D01—D02 的距离为尺度基准重新计算 D02 的坐标,这样可以提高本项目系统的内部精度(图 9.5)。

9.3.2 三维模型的表示

建立路面三维模型就是给出路面实体在空间坐标系中的曲面函数,即 $H=F(X,Y)$,也即地面任意点的高程 H 与地面点的坐标(X,Y)之间的

图 9.5 外业 GPS 测量起算点坐标

关系模型,这在地球地理科学中称为数字地面模型(DEM)。由于路面空间实体的复杂性,得到这个函数是十分复杂和困难的。但从使用角度方面出发,也没有必要那么

精确地描述，采用局部区域离散化的方法来表示，对于较小区域可以用平面、二次曲面等简单的函数来表示。目前常用的局部区域离散化方法是矩形格网法、三角形法等，根据这些相邻的矩形或三角形构成一个网来表示路面。结合高速公路的特点及本项目的应用，本项目采用了任意四边形法建立路面空间三维模型。

9.3.3　获取实体面若干特征点的三维坐标的方法及过程

目前获取实体面若干特征点的三维坐标的方法有多种，如全站仪或 GPS RTK 全野外数字采集、摄影测量、三维激光扫描等方法，结合本项目的特点（路面上有若干高清摄像机），本项目获取的方法采用了全站仪、GPS RTK 野外数字采集＋近景摄影测量方法。具体作业实施过程如下：

1）沿高速公路路线方向进行控制测量

为了保证获取特征点的三维坐标的精度，在整个实验区域范围建立若干高精度的三维坐标点（称为控制点），这个过程为控制测量，沿路线方向大约 300～500 m 设立一个控制点，在 2 km 长的实验范围内共布设了 4 个控制点。在上述 D01、D02 的基础上采用全站仪导线测量方法测量，角度测量 2 测回，边长往返观测，测量控制点的精度可达到测绘标准的 5 s 级导线。

控制点高程采用全站仪三角高程测量方法，往返观测，可达四等水准测量要求。控制点在高速公路路面的紧急停靠带边缘打入专用测量标志——道钉（图 9.6）。

图 9.6　控制点地面埋入

控制点的测量观测成果见表 9.1。

表 9.1 一级控制点成果表

点名	平面坐标/m		高程/m
	X	Y	H
D1	3 502 448.200	509 396.458	43.234
D2	3 502 211.524	509 582.124	42.217
D3	3 502 472.480	509 379.640	43.310
D4	3 502 694.859	509 195.588	43.530

2）像控点的布设与测量

根据摄影测量建立立体像对的要求及相机动态变化要实时求得相机的空中姿态和焦距（内外方位元素）的要求，必须在影像区域内建立若干像控点，这些像控点是具有一定精度的空间三维坐标。为了保证像控点能在像片上清晰地判读，像控点采用专用的标志，同时考虑高速公路车辆较多、中央分隔带和路边均有一定高度的树木，并且要长期使用，所以像控点专用标志进行了科学的设计和位置的选择、埋设。像控点专用标志高度根据现场地形确定，确保摄像头能看见，为了能判读像控点，提高定位精度，像控点标志设置成圆形，直径大于 60 cm，用红白相间图块标识，其相交中心点即像控点位置点，如图 9.7。

像控标志的安装要保证长期牢固可靠。埋设在土中的要有足够的深度，并用混凝土固定基座。

图 9.7 像控点标志形状及测量

根据技术要求，为了保证摄影测量获取点位三维坐标的精度，像控点布置在九个断面上，每个断面三个点，共计 27 个，每个断面布置左边缘、中分带、右边缘，如图

9.8、图 9.9 所示。

图 9.8 像控点断面布置

图 9.9 沿路线像控点布置

因像控点在一个竖直的面上,像控点的坐标根据前面测量的路线上的控制点采用全站仪极坐标测量。二级控制点坐标见表 9.2。

表 9.2 试验段像控点测量坐标

像控点名称	中心平面坐标/m		中心高程/m	断面位置标号
	X	Y	H	
101	3 502 437.369	509 441.257	44.047	一号断面
102	3 502 430.612	509 428.516	45.516	
103	3 502 424.363	509 416.863	44.042	
201	3 502 393.183	509 475.917	43.791	二号断面
202	3 502 383.440	509 465.539	45.242	
203	3 502 374.441	509 456.040	43.746	

像控点名称	中心平面坐标(m)		中心高程(m)	断面位置标号
	X	Y	H	
301	3 502 302.669	509 545.679	43.456	三号断面
302	3 502 293.056	509 535.193	44.690	
303	3 502 288.579	509 522.258	43.372	
401	3 502 110.432	509 692.939	44.255	四号断面
402	3 502 098.446	509 684.107	45.562	
403	3 502 093.503	509 671.363	44.24	
501	3 501 812.150	509 921.291	49.498	五号断面
502	3 501 802.352	509 911.322	50.877	
503	3 501 813.926	509 885.379	49.293	
601	3 502 490.941	509 398.746	44.37	六号断面
602	3 502 481.038	509 388.893	46.232	
603	3 502 472.191	509 378.544	44.395	
701	3 502 531.368	509 366.044	44.63	七号断面
702	3 502 522.934	509 355.350	46.507	
703	3 502 515.752	509 343.380	44.635	
801	3 502 712.666	509 214.801	44.583	八号断面
802	3 502 702.981	509 205.133	46.36	
803	3 502 693.833	509 194.582	44.643	
901	3 502 839.416	509 104.312	43.235	九号断面
902	3 502 829.316	509 094.547	45.023	
903	3 502 820.134	509 084.255	43.261	

3）外业采集关键的特征点

对于一些重要的区域、精度要求高的区域、隐蔽区域以及为了检验系统测量的精度,采用人工外业采集这些区域的特征点,方法为全站仪极坐标法或 GPS RTK 法。

通过布设在路边和路中的测量标志,可以计算各张视频图像的内外参数,各视频图像的内外参数见表 9.3。

表 9.3　各区间视频图像的内外参数

检测区间	摄像机	X_S /m	Y_S /m	Z_S /m	φ /rad	ω /rad	κ /rad	F /像素	畸变系数 k_1
区间 1	S5	0.579	54.618	211.656	0.124 27	−0.115 8	−0.012 7	6821	−1.4E−09
	S4	28.964	54.687	209.452	−0.150 4	−0.120 8	0.006 5	6120	−2.0E−09
区间 2	S5	0.568	54.514	211.304	0.060 2	−0.049 0	−0.012 7	13265	1.2E−09
	S4	29.009	54.673	210.408	−0.070 5	−0.048 6	0.008 1	13540	4.3E−09
区间 3	S5	0.603	54.575	212.595	0.030 1	−0.020 8	−0.012 2	29716	−3.6E−09
	S4	29.029	54.629	209.683	−0.031 7	−0.021 8	0.008 1	28741	−1.5E−09
区间 4	S5	26.024 5	54.484	83.514	−0.381 7	−0.295 9	−0.002 5	2 260	3.6E−08
	S4	−2.495	54.847	82.221	0.411 5	−0.327 4	−0.014 5	2235	−8.6E−10
区间 5	S5	25.940	54.483	83.056	−0.145 6	−0.101 8	0.005 1	5207	2.4E−09
	S4	−2.518	54.796	83.116	0.190 4	−0.102 6	−0.005 1	4907	−9.1E−09

9.4　概述自动建立路面三维数字地面模型的方法研究

利用现有的摄像机获取的立体视频图像建立 DEM 是实现视频事件检测的基础。

9.4.1　高速公路路面 DEM 的建立原理

在路面抛洒物检测系统中开发了构建路面 DEM 的功能。在没有行驶车辆和障碍物的情况下,构建如图 9.10 所示的不规则四边形 DEM 格网,用数字摄影测量技术计算出各格网点的三维坐标。

图 9.10　不规则四边形 DEM 示意图

1）不规则四边形 DEM 的构成

如图 9.10 中,以高速公路行车道的白线为 DEM 的一个方向上的一条边,以摄影测量中的核面与路面的交线(称为地面核线)为 DEM 的另一方向上的一条边。每一条地面核线的构建原理见图 9.11。

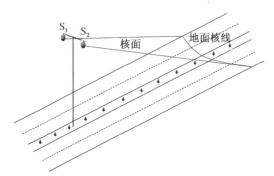

图 9.11　核面与地面相交构成地面核线

2）不规则四边形 DEM 的特点

不规则四边形 DEM 的优势包括:(1) 由于路面行车道白线比较醒目,在每条核线上可以很快地检测并匹配格网点;(2) 纵向格网线与高速公路走向一致,格网线之间近似平行;(3) 横向格网线受高速公路路面横坡的影响,在摄像机的正下方为直线,离开摄像机越远,其格网线弯曲度越大,见图 9.12;(4)每个四边形格网为凸四边形。

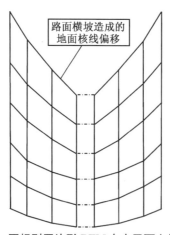

图 9.12　不规则四边形 DEM 在水平面上的示意图

9.4.2　高速公路路面 DEM 的建立方法

1）不规则四边形的设计

DEM 的纵向间隔根据高速公路行车道梳理确定,如图 9.13 所示的 4 车道路段,每侧路面布设四个 DEM 的纵向方向线。横向间隔根据地面坡度确定,平坦地面以 15 m、上下坡路段以 5 m 间隔设计一个横向断面。

2）格网的三维坐标测量方法

(1)核线计算:如图 9.13,在设计的横向断面处选择图像上一点,分别计算立体视频图像上的同名核线,得到同名核线的灰度序列。

(2)特征点提取:在同名核线上利用一维 Moravec 算子提取核线上的特征点,以 Moravec 算子最大值的 1/10 为阈值,三邻域内取最大值为约束条件,得到各个特征点,见图 9.14。

图 9.13　同名核线及核线的特征点

(3)特征点匹配:以特征点的趋势特征算子和核线段的相似度为匹配条件,对同名核线上的特征点进行匹配。

(4)匹配编辑:特征点的自动匹配直接影响 DEM 的准确性,为了发现并消除多余的匹配点、改正误匹配点和添加漏匹配点,系统通过匹配编辑来进行,保证每条核线的八个格网点准确无误。

图 9.14　核线特征点匹配及编辑

9.4.3 高速公路路面 DEM 的插值方法

同常规的规则矩形格网和不规则三角形格网的插值一样,不规则四边形 DEM 的插值也分两步进行:判断插值点位于哪个四边形内部和利用四边形四个点的高程计算插值点的高程。

1) 点与直线的关系判断

平面上的三点,$P_1(x_1,y_1)$、$P_2(x_2,y_2)$、$P_3(x_3,y_3)$,由这三个点构成的三角形的面积量表示为:

$$S=(x_1-x_3)\times(y_2-y_3)-(y_1-y_3)\times(x_2-x_3) \qquad (9.1)$$

当 $P_1P_2P_3$ 逆时针时 S 为正,$P_1P_2P_3$ 顺时针时 S 为负。

可见,对于具有一般性的 ABC 三点,令矢量的起点为 A,终点为 B,判断的点为 C,如果 $S(A,B,C)$ 为正数,则 C 在矢量 AB 的左侧;如果 $S(A,B,C)$ 为负数,则 C 在矢量 AB 的右侧;如果 $S(A,B,C)$ 为 0,则 C 在直线 AB 上。

2) 点与不规则四边形的关系判断

点与直线的关系是判断点是否在四边形内部的基础,如图 9.15,将四边形的点按 $ABCD$ 的顺序顺时针排列,用公式(9.1)计算 P 点分别与 AB、BC、CD、DA 构成的三角形 ABP、BCP、CDP、DAP 的面积量;当四个面积量均为负值时,点 P 就位于四边形的内部。

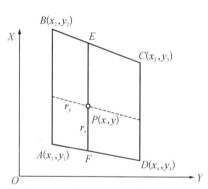

图 9.15　点与四边形的关系判断

3) 不规则四边形的双线性插值

采用双线性插值计算方法计算 P 点高程,由于 AB、EF、CD 近似平行,首先根据 P 点的 y 坐标计算 x 方向的格网偏差:

$$r_y=\frac{y-y_1}{y_4-y_1}\text{或}\ r_y=\frac{y-y_2}{y_3-y_2}$$

然后在 BC、AD 边上计算 E、F 点的 x 坐标:

$$x_E=(x_3-x_2)\times r_y\ \text{和}\ x_F=(x_4-x_1)\times r_y$$

在 EF 上计算 y 方向的格网偏差：

$$r_x = \frac{x - x_F}{x_E - x_F}$$

最后用双线性插值公式计算 P 点高程：

$$H_P = (1-r_x)(1-r_y)H_A + r_x(1-r_y)H_B + (1-r_x)r_yH_D + r_xr_yH_C \quad (9.2)$$

9.5　检测精度分析

摄影测量的交会方式包括正直摄影和交向摄影两种，如图 9.16 所示。摄影时，两张像片的摄影主光轴 S_1o_1 和 S_2o_2 平行，同时与摄影基线 B 构成垂直关系，这种摄影方式称为正直摄影。

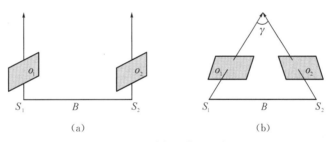

图 9.16　正直摄影与交向摄影

摄影时，如果两张像片的摄影主光轴 S_1o_1 和 S_2o_2 彼此不平行，与摄影基线 B 也不构成垂直关系，这种摄影方式称为交向摄影。交向摄影的显著特点是两条摄影主光轴构成一个交会角 γ。

在正直摄影情况下，P_1、P_2 为一立体像对，$a_1(x_1, y_1)$、$a_2(x_2, y_2)$ 是同名像点。在图 9.17 中作 S_1e 平行于 S_2a_2，则 a_1, a_2 点的左右视差的计算公式为

$$P = x_1 - x_2 = a_1e \quad (9.3)$$

那么，地面坐标与像平面坐标之间的比例关系为：

$$\lambda = \frac{B}{P} \quad (9.4)$$

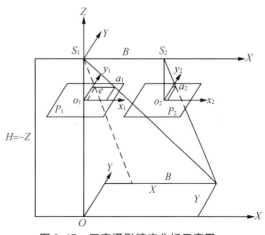

图 9.17　正直摄影精度分析示意图

地面点的坐标可以表示为：

$$\begin{bmatrix} X \\ Y \\ Z \end{bmatrix} = \lambda \begin{bmatrix} x_1 \\ y_1 \\ -f_1 \end{bmatrix} = \frac{B}{P} \begin{bmatrix} x_1 \\ y_1 \\ -f_1 \end{bmatrix} = \frac{B}{x_1 - x_2} \begin{bmatrix} x_1 \\ y_1 \\ -f_1 \end{bmatrix} \tag{9.5}$$

令：$\dfrac{H}{B} = k_1$，称为构形系数；$\dfrac{H}{f} = k_2$，称为摄影比例尺分母系数。对公式(9.5)进行微分得到：

$$\begin{cases} \mathrm{d}X = \dfrac{B}{x_1 - x_2}\mathrm{d}x_1 - \dfrac{Bx_1}{(x_1-x_2)^2}\mathrm{d}x_1 + \dfrac{Bx_1}{(x_1-x_2)^2}\mathrm{d}x_2 = k_2\mathrm{d}x_1 - k_1 k_2 \dfrac{x_1}{f}\mathrm{d}x_1 + k_1 k_2 \dfrac{x_1}{f}\mathrm{d}x_2 \\[2mm] \mathrm{d}Y = \dfrac{B}{x_1 - x_2}\mathrm{d}y_1 - \dfrac{By_1}{(x_1-x_2)^2}\mathrm{d}x_1 + \dfrac{By_1}{(x_1-x_2)^2}\mathrm{d}x_2 = k_2\mathrm{d}y_1 - k_1 k_2 \dfrac{y_1}{f}\mathrm{d}x_1 + k_1 k_2 \dfrac{y_1}{f}\mathrm{d}x_2 \\[2mm] \mathrm{d}Z = \dfrac{Bf}{(x_1-x_2)^2}\mathrm{d}x_1 - \dfrac{Bf}{(x_1-x_2)^2}\mathrm{d}x_2 = k_1 k_2\mathrm{d}x_1 - k_1 k_2\mathrm{d}x_2 \end{cases}$$

当像片上像点测量的坐标精度一致时，$m_{x_1} = m_{x_2} = m_{y_1} = m$，则有：

$$\begin{cases} m_X = m\sqrt{\left(k_2 - k_1 k_2 \dfrac{x_1}{f}\right)^2 + \left(k_1 k_2 \dfrac{x_1}{f}\right)^2} \\[3mm] m_Y = m\sqrt{k_2^2 + 2\left(k_1 k_2 \dfrac{y_1}{f}\right)^2} \\[3mm] m_Z = \sqrt{2}\, k_1 k_2 m \end{cases} \tag{9.6}$$

可以简化为：

$$\begin{cases} m_X = m_Y = k_2 m \\[2mm] m_Z = \sqrt{2}\, k_1 k_2 m \end{cases} \tag{9.7}$$

例如，当 1080P 摄像机 CMOS 成像芯片 1/3 英寸，对应的像素单位为 $3.8\ \mu\mathrm{m} \times 3.8\ \mu\mathrm{m}$。对 800 m 处的物体用 100 mm 焦距的相机进行监控，若两摄像头的距离为 28 m，则 $k_1 = 28.6$，$k_2 = 8\,000$，图像测量的精度为 2 像素情况下，$m = 2 \times 3.8\ \mu\mathrm{m} = 7.6\ \mu\mathrm{m}$，对应的空间坐标精度为：

$$\begin{cases} m_X = m_Y = k_2 m = 8\,000 \times 3.8\ \mu\mathrm{m} \times 2 = 61\ \mathrm{mm} \\[2mm] m_Z = \sqrt{2}\, k_1 k_2 m = 1.414 \times 28.6 \times 8\,000 \times 3.8\ \mu\mathrm{m} \times 3 = 2\,457\ \mathrm{mm} \end{cases}$$

可见，对于监控目标，在与像片平面方向平行的二维坐标的精度较高，而在摄像主光轴方向的精度较低。用于高速公路交通异常的视频监控,当对路面进行监控时,摄像机的摄像方向近似水平摄影,因此,公路横断面方向和高度方向的精度较高,公路纵断面方向的精度相对较低。

9.6　图像匹配

9.6.1　核线相关概念

在进行二维影像相关时,为了在右像片上搜索到同名像点,必须在给定的搜索区内沿 x、y 两个方向搜索同名像点,因此,搜索区是一个二维影像窗口,在这样的二维影像窗口里进行相关计算,显而易见,其计算量是相当大的。由摄影测量的基本知识可知,核面与两像片面的交线即为同名核线,同名像点必然位于同名核线上。沿核线寻找同名像点,即为核线相关。这样,利用核线相关的概念就能将沿 x、y 方向搜索同名像点的二维相关问题转化为沿同名核线搜索同名像点的一维相关问题,从而大大减少了计算量。

由此可知,核线相关是一种一维相关,是利用立体像对在左、右同名核线上的灰度序列进行的影像相关,其目标区和搜索区分别位于左、右同名核线上,均为一维影像窗口。为了沿同名核线搜索同名点,首先在左核线上建立一个目标区,设目标区长度为 n 个像素,一般情况下,该目标区域中心就是目标点,另外在右像片上沿同名核线建立搜索区,其长度为 m 个像素,如图 9.18 所示。为找到同名像点,可以计算两窗口的相关系数,取最大值所对应的目标区的中心点为最终的同名点。

（a）目标区　　　　　　　　　　　　　　　（b）搜索区

图 9.18　一维相关影像窗口

1）同名核线的概念

摄影基线与地面任意点构成的平面,称为核面;核面与像平面的交线称为核线;图 9.19 中 L 和 L' 是通过同名像点 p 和 p' 的一对同名核线。

由核线的几何定义我们可以知道,重叠影像上的同名像点必然位于同名核线上。例如图 9.20 就表示了一对实际立体交通视频图像上的某一条同名核线上其中一部分的左、右核线灰度曲线,曲线上的"＊"表示同名像点,其同名像点的点号同时列在表9.4 中,表中 NL、NR 分别表示在左、右核线上同名点的点号。从这一实例中,可以直观地体会到在同名核线上自动搜索同名像点的可能性。

图 9.19　同名核线位于同一核面内

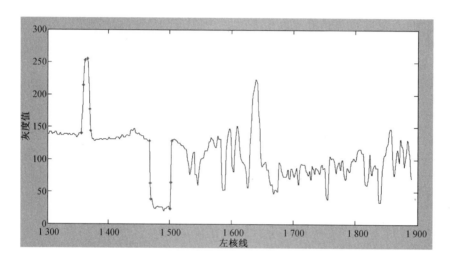

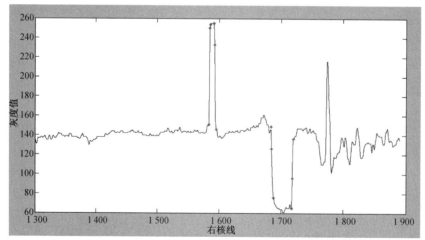

图 9.20　核线部分灰度曲线

表 9.4　核线上的同名像点点号

NL	1 355	1 358	1 361	1 365	1 369	1 370	1 467	1 468	1 469	1 501	1 502	1 504
NR	1 584	1 585	1 586	1 592	1 593	1 596	1 684	1 685	1 688	1 717	1 718	1 720

2）同名核线确定

实现核线匹配的首要任务是确定同名核线,确定同名核线的方法有很多,基本上可以分为两类:一是基于数字影像的几何纠正;二是基于共面条件。在本书中,我们采用第二种基于共面条件的方法确定同名核线,这一方法是直接从核线的定义出发。于是,同名核线的确定可以描述为:要确定过左像片上任意一个像点 $p(x_p, y_p)$ 的核线 L 和右像片同名核线 L',由于核线在像片上是直线,因此上述问题可以转化为确定左核线上的另外一个点,如图 9.19 中的 $q(x, y)$,与右同名核线上的两个点 p'、q',注意,这里并不要求 p 与 p' 或 q 与 q' 是同名点。

由于同一核线上的点均位于同一核面上,即满足共面条件:

$$\vec{B} \cdot (\vec{S_p} \times \vec{S_q}) = 0 \tag{9.8}$$

若采用单独像对坐标系,则像点 p、q 相对于单独像对的像空间辅助坐标系的坐标为 $p(u_p, v_p, w_p)$、$q(u_q, v_q, w_q)$,由式(9.8)得:

$$\begin{vmatrix} BX & BY & BZ \\ u_p & v_p & w_p \\ u_q & v_q & w_q \end{vmatrix} = 0 \tag{9.9}$$

其中 $\begin{bmatrix} BX \\ BY \\ BZ \end{bmatrix} = \begin{bmatrix} x_{S2} - x_{S1} \\ y_{S2} - y_{S1} \\ z_{S2} - z_{S1} \end{bmatrix}$,则

$$\begin{bmatrix} u \\ v \\ w \end{bmatrix}_{p,q} = \begin{bmatrix} a_1 & a_2 & a_3 \\ b_1 & b_2 & b_3 \\ c_1 & c_2 & c_3 \end{bmatrix} \begin{bmatrix} x \\ y \\ -f \end{bmatrix}_{p,q} \tag{9.10}$$

式中,a_1、a_2、$\cdots$、c_3 九个方向余弦是左像片相对定向元素的函数;x、y 为像点 p 或 q 在左像片上的像点坐标。

在左像片上取一点 p,按式(9.10)展开可以得到:

$$BX \cdot (v_p w_q - v_q w_p) - BY \cdot (u_p w_q - u_q w_p) + BZ \cdot (u_p v_q - u_q v_p) = 0 \tag{9.11}$$

将式(9.10)代入式(9.11),并整理后得到左像片经过 p 点的核线方程,即 $Ax + By + C = 0$,其中

$$\begin{cases} A = BX \cdot v_p \cdot c_1 + BY \cdot w_p \cdot a_1 + BZ \cdot u_p \cdot b_1 - BX \cdot w_p \cdot b_1 - BY \cdot u_p \cdot c_1 - \\ \quad BZ \cdot v_p \cdot a_1 \\ B = BX \cdot v_p \cdot c_2 + BY \cdot w_p \cdot a_2 + BZ \cdot u_p \cdot b_2 - BX \cdot w_p \cdot b_2 - BY \cdot u_p \cdot c_2 - \\ \quad BZ \cdot v_p \cdot a_2 \\ C = -(BX \cdot v_p \cdot c_3 + BY \cdot w_p \cdot a_3 + BZ \cdot u_p \cdot b_3 - BX \cdot w_p \cdot b_3 - BY \cdot u_p \cdot c_3 - \\ \quad BZ \cdot v_p \cdot a_3)f \end{cases}$$

也即可得到左像片上通过 p 点的核线上任意一个点的 y 坐标。同理可得右像片上同名核线的核线方程。

3）核线相关原理方法

核线相关就是探求立体像对左、右同名核线的灰度信号的相似程度，从而确定同名核线上特征。为了更好地描述其灰度信号的相似度，现在已有很多不同的数字影像核线相关方法，比较常用的方法有相关系数法、最小二乘法等。本书的核线相关数学模型采用的是相关系数法，下面介绍的是相关系数法的原理方法。

图 9.18 中所示是一维核线相关的目标区和搜索区。设 g 为目标区像点组的灰度值，g' 为搜索区内相应像点组的灰度值，每个像点组取 n 个像点的灰度值的均值：

$$\overline{g} = \frac{1}{n}\sum_{i=1}^{n} g_i, \ \overline{g'} = \frac{1}{n}\sum_{i=1}^{n} g'_{i+k} \qquad (k=0,1,2,\cdots,m-1) \tag{9.12}$$

两个像点组的方差 σ_{gg}、$\sigma_{g'g'}$ 分别为：

$$\sigma_{gg} = \frac{1}{n}\sum_{i=1}^{n} g_i^2 - \overline{g^2}, \ \sigma_{g'g'} = \frac{1}{n}\sum_{i=1}^{n} g'^2_{i+k} - \overline{g'^2} \tag{9.13}$$

两个像点组的协方差 $\sigma_{gg'}$ 为：

$$\sigma_{gg'} = \frac{1}{n}\sum_{i=1}^{n} g_i g'_{i+k} - \overline{gg'} \tag{9.14}$$

则两个像点组的相关系数 ρ_k 为：

$$\rho_k = \frac{\sigma_{gg'}}{\sqrt{\sigma_{gg}\sigma_{g'g'}}} \qquad (k=0,1,2,\cdots,m-n) \tag{9.15}$$

在搜索区内沿核线寻找同名像点，每次移动一个像素，按式（9.15）依次计算相关系数 ρ，共能计算出 $m-n+1$ 个相关系数，取 ρ 的最大值，其对应的相关窗口的中心像素可以被认为是目标点的同名像点。设 $k=k_0$ 时相关系数取得最大值，则同名像点在搜索区内的序号为：$k_0 + \dfrac{1}{2(n+1)}$。

9.6.2 核线匹配技术研究

1）核线特征点提取

对于一幅数字影像，人们最感兴趣的是那些非常明显的目标，而要识别这些目标，必须借助于影像去构成这些目标的所谓影像的特征。特征提取是影像分析和影像匹配的基础，也是单张影像处理的最重要的任务。理论上，特征是影像灰度曲面的不连续点，特征可以分为点状特征、线状特征和面状特征。在实际影像中，由于点扩散函数的作用，特征表现为在一个微小邻域中灰度的急剧变化，或灰度分布的均匀性，也就是在局部区域中具有较大的信息量，而在数字影像中没有特征的区域，灰度变化信息量较小。

核线特征点提取，主要任务是提取核线上的特征点，点状特征主要是指明显点，如角点、圆点等，在某些邻域变化较大，通常是指图像的灰度变化。点特征是图像最基本的特征之一，它易于表示和操作，在一些匹配应用中使用点特征进行处理，可以减少计算的数据量，同时又不损失图像重要的灰度信息，在匹配运算中能够较大地提高计算速度。点状特征应用广泛、表达精细，所以，点状特征的研究是计算机视觉以及数字摄影测量的重点和难点。这里的点状特征提取主要使用改进的 Moravec 算子。

改进的 Moravec 算子的计算步骤为：

① 计算核线上各像元的兴趣值 IV（Interest Value），记为 M。在以像素 (i,r) 为中心的 $1 \times wide$ 的窗口中，遍历核线计算各像元前后两个方向相邻像素灰度差的平方和：

$$M_i = (g_{i+1,r} - g_{i,r})^2 + (g_{i,r} - g_{i-1,r})^2 \tag{9.16}$$

其中，$i = 0, 1, \cdots, wide - 1$，$g_{i,r}$ 为像素点 (i,r) 处的灰度值。

② 求核线上的 IV 的最大值：$\text{Max1} = \max\{M_i\}$。

③ 预先设定一经验阈值 t，对核线上各点的 M_i 进行比较，若 $M_i > \text{Max1} \cdot t$，且大于与其前后相邻的 4 个兴趣值，则该像素即为一个特征点。

阈值 t 的取值越大，提取的特征点数越少，由于实验数据采用的是高速公路影像数据，道路白线、边缘护栏以及障碍物中的特征点才更具有实用价值。对于道路的中央分隔带和护栏之外的区域中特征点虽然较多，但是在后期匹配过程中可以预见到会出现很多的误匹配，这样之前提取这部分区域中的特征点也将没有实用价值，反而会给后续工作带来麻烦,因此,为了提取足量有效的核线特征点,对实验数据用适当的裁剪算法进行影像边界裁剪,重点针对路面区域提取特征点,经过反复试验,设置经验阈值 $t=0.02$。

2) 核线特征段提取

在进行影像匹配之前,特征提取是非常重要的一项工作,而对于特征的描述方式也是多种多样。本书所用实验数据为高速公路影像数据,处理的是一维核线影像或灰度曲线。在一维核线影像的情况下,将特征段定义为一个"影像段",它由三个特征点组成:一个灰度梯度最大点 Z,两个"突出点"(梯度很小)S_1、S_2。

在提取特征段时,首先利用上文中提到的改进的 Moravec 算子提取出核线上灰度梯度最大的特征点 Z,记录其像点点号以及灰度值 $g(Z)$,然后对每个特征点 Z 的邻域窗口分别向前和向后进行一次差分运算,当参与差分运算的两相邻像素点所对应的灰度值相差小于 3 时,则停止运算,并取出前、后差分所对应的像素点点号和灰度值,此时提取出的像素点即为 Z 点所对应的一对"突出点"S_1、S_2。

特征段(实际上是依次提取出的三个特征点)将一条核线的影像分成若干个"影像段",因而每一段影像均由一个特征段组成。如图 9.21 所示,影像匹配的实质就是特征段的匹配,从而确定它们在另一幅影像上对应的位置。

在提取特征段时,提取出了两个突出点 S_1、S_2 的灰度差 $\Delta g=g(S_2)-g(S_1)$,同时设置一个标签 flag=0,且有

$$\begin{cases} 若(\Delta g \leqslant -15),则\ \mathrm{flag}=1 \\ 若(\Delta g \geqslant 15),则\ \mathrm{flag}=2 \end{cases}$$

将三个特征点的像素号与标签 flag 作为描述此特征的四个参数——特征参数。这对于特征段匹配十分有用,比如,一个 flag=1 的特征段就不可能与 flag=2 的特征段相匹配,只有 flag 值相同的特征才予以匹配。图 9.22 为由多个特征点构成的不同特征段。

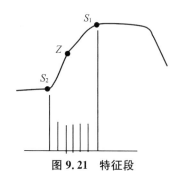

图 9.21　特征段

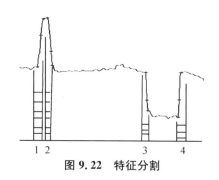

图 9.22　特征分割

3）基于相邻特征段相似度的核线匹配

基于特征段相似度的核线匹配方法,有时候使用最大相关系数准则往往不够,会出现一定的误匹配,如图 9.23 所示,黄色十字为匹配的特征点 Z,蓝色矩形框和棕色矩形框为匹配的"突出点"S_1、S_2,绿色的十字为提取出的特征点 Z。

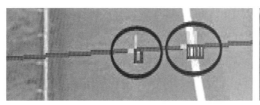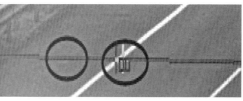

图 9.23 误匹配示例

对于上述误匹配,需对所采用的匹配方法做出改进,采用基于相邻特征段相似度的核线匹配方法。

采用单独特征段之间进行相似度检验,当两计算匹配窗口相关系数值都很大且相近时,极易发生误匹配。因此,对匹配窗口做了改进,将两个特征段连接起来构成匹配窗口,如图 9.24 所示,1、2 为一个匹配窗口,2、3 构成匹配窗口,3、4 也构成匹配窗口,两个特征可以均是待匹配特征,待匹配的特征始终位于窗口的边缘。分别将左、右两像片相邻的两个特征连接起来,形成大小不一的匹配窗口。

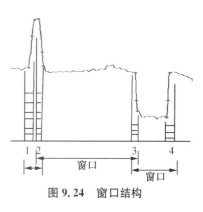

图 9.24 窗口结构

基于相邻特征段相似度的核线匹配过程:

① 设在左像片核线上提取 n 个待匹配特征段,依次为 F_1、F_2、F_3、$\cdots$、F_n,先将 F_1 与 F_2 构成目标匹配窗口。

②在右像片核线上同样提取 m 个待匹配特征段,依次为 F_1'、F_2'、F_3'、$\cdots$、F_m',分别将 F_1' 与 F_2'、F_2' 与 F_3'、$\cdots$、F_{m-1}' 与 F_m' 构成待匹配窗口。

③ 预先运用上述所提到的标签 flag 约束,遍历计算目标窗口与所有待匹配窗口的相关系数,按最大相关系数的准则确定 F_1、F_2 匹配窗口中特征的同名特征。

④ 遍历 F_2 与 F_3、$\cdots$、F_n 与 F_{n-1} 构成的目标匹配窗口,重复②、③过程。

在表 9.4 中,上下两行分别表示左右核线,表格中的数据为从核线上提取的特征点所在的列号,相邻的特征点之间的区间构成特征段。将左核线 F_1、F_2 构成目标窗口,首先判断右核线特征段窗口的 flag 组合是否与 F_1、F_2 相同,当 flag 组合相同才予以匹配,例如,表 9.4 中 F_1、F_2 匹配窗口的 flag 为 1、2,在右核线上只能依次和 F_1'、F_2' 以及 F_3'、F_4' 窗口匹配,然后再计算 F_1、F_2 中的目标灰度窗口 g[280,281,282,283, 284,285,286,287,288,289,290,291,292,293,294,295]分别与右核线待匹配窗口 g' [584,585,586,587,588,589,590,591,592,593,594,595,596,597]、g'[1 584,1 585, 1 586,1 587,1 588,1 589,1 590,1 591,1 592,1 593,1 594,1 595,1 596]计算相关系数,与 F_1、F_2 相关系数最大的两段特征即为 F_1、F_2 窗口中的同名特征。

同名点的确定是以匹配测度为基础的,因而如何定义匹配测度,则是影像匹配最首要的任务,基于不同的理论或不同的思想可以定义各种不同的匹配测度。在本书中,由于采用的是核线影像数据源,在像对中利用改进的 Moravec 算子提取一定数量的特征点,进行特征点连接组成特征段,利用特征匹配的两种方案形成匹配窗口,然后只需逐对计算位于同名核线上匹配窗口之间的相关系数,利用相关系数作为相似性度量可以使计算量更小,简单易行,且其匹配精度高。

相关系数是标准化的协方差函数,协方差函数除以两信号的方差即得到相关系数。基于相邻特征段相似度的核线匹配方法以相关系数为匹配测度,判断左右影像中同名核线上一定窗口大小中像素的相似性,当相关系数最大且大于某一设定的阈值时,则窗口内的特征被提取为一对同名特征,其中包含了一个特征点和两个"突出点"。若左影像的灰度函数为 $g(x,y)$,目标窗口特征点坐标为 (i,j),右影像灰度函数为 $g'(x',y')$,搜索窗口特征点坐标为 $(i+r,j+c)$,则 $g(x,y)$ 与 $g'(x',y')$ 的相关系数为:

$$\rho(r,c) = \frac{C(r,c)}{\sqrt{C_{gg}C_{g'g'} \cdot (r,c)}} \tag{9.17}$$

其中:$C(r,c) = \sum_{i=1}^{m}\sum_{j=1}^{n}(g_{i,j} - \overline{g}) \cdot (g'_{i+r,j+c} - \overline{g'})$($m$、$n$ 为灰度矩阵的行数与列数)。

两窗口间相关系数的值为:

$$\rho(c,r) = \frac{\sum_{i=1}^{m}\sum_{j=1}^{n}(g_{i,j} - \overline{g}) \cdot (g'_{i+r,j+c} - \overline{g'})}{\sqrt{\sum_{j=1}^{n}(g_{i,j} - \overline{g})^2 \cdot \sum_{i=1}^{m}\sum_{j=1}^{n}(g'_{i+r,j+c} - \overline{g'})^2}} \tag{9.18}$$

对于一维相关,应有 $r \equiv 0$。当选取窗口的相关系数最大且大于设定的阈值,则所选的特征段为同名特征段,其中包含的特征点即为同名特征点,同时所对应包含的两对"突出点"也为同名点。

9.6.3　三目图像立体匹配

传统的图像匹配一般大多基于单基线立体匹配,这就使得在一些纹理重叠、遮挡等区域出现匹配精度不高等问题。为了有效弥补这些缺陷,寻求有效的多像片匹配方法得到了有关学者的重视。核线匹配可以大大提高匹配的精度和效率,冯其强等从物方点的角度来描述核线原理,提出一种基于多片空间前方交会的匹配算法以满足工业摄影测量人工标志点的快速匹配,但是当实际影像中出现数量多且集中的特征点时,该算法容易出现误匹配的现象。需要各摄站的摄站参数精度非常高;王竞雪等提出移动高程平面约束的多视影像匹配特征点匹配方法,将多视影像上提取的特征点投影到不同高程的物方格网平面,利用分级匹配策略并结合灰度相似性约束和平面网格高程约束对多视影像进行匹配。张卡等在研究彩色点云的自动生成过程中,采用一种全新的物方与像方信息融合的多视影像概率松弛整体匹配策略,利用物、像方信息在多幅搜索影像上确定同名像点的搜索范围,基于概率松弛整体匹配策略来确定最终的同名像点。上述匹配方法都基于物方点的信息,当研究区域的地面高程起伏差异较小时,匹配方法的适用性不强,且多级匹配算法的运行时间比较长。

核线在像片上是直线,如图 9.25 所示,圆圈所标识的是 5 个不同的摄站位置,研究中采用 S_1、S_2、S_3 三个位置的摄站用于不同视角下像片的特征点匹配。图 9.26 为三摄站核线匹配的模型,S_1、S_2、S_3 分别为三个摄站的光学摄影中心;I_1、I_2、I_3 分别为三幅图像的像平面;p_1、p_2、p_3 为物方点 P 在各个像平面中的像点;L_{12}、L_{21} 为像点 p_2 在 I_1、I_2 平面的一对同名核线,L_{32}、L_{23} 为像点 p_2 在 I_3、I_2 平面的一对同名核线。

图 9.25　摄站位置

假定在 I_2 平面中取一特征点 $p_2(x_2, y_2)$,根据三张像片的内外方位元素利用共面条件确定两对同名核线 L_{12}、L_{21} 和 L_{32}、L_{23}，则理论上 S_1p_1 和 S_3p_3 经过同一物方点 P，如图 9.27 所示。

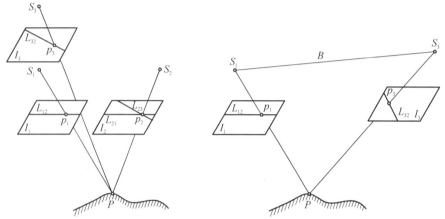

图 9.26　三摄站核线匹配模型　　　　图 9.27　共面条件确定同名点

射线 S_1p_1、S_3p_3 以及摄影基线 B 位于同一平面内，即满足共面条件：

$$\vec{B} \cdot (\overrightarrow{S_1p_1} \times \overrightarrow{S_3p_3}) = 0 \tag{9.19}$$

若采用单独像对坐标系，则像点 p_1、p_3 相对于单独像对的像空间辅助坐标系的坐标为 $p_1(u_1,v_1,w_1)$、$p_3(u_3,v_3,w_3)$，由式(9.19)得：

$$F = \begin{vmatrix} BX & BY & BZ \\ u_1 & v_1 & w_1 \\ u_3 & v_3 & w_3 \end{vmatrix} = 0 \tag{9.20}$$

其中 $\begin{bmatrix} BX \\ BY \\ BZ \end{bmatrix} = \begin{bmatrix} x_{S3} - x_{S1} \\ y_{S3} - y_{S1} \\ z_{S3} - z_{S1} \end{bmatrix}$

则

$$\begin{bmatrix} u \\ v \\ w \end{bmatrix}_{1,3} = \mathbf{R}_{1,3} \begin{bmatrix} x \\ y \\ -f \end{bmatrix}_{1,3} \tag{9.21}$$

式中，x，y 为像点 p_1、p_3 分别在像片 I_1、I_3 上的像点坐标；R 为旋转矩阵，则有：

$$\mathbf{R}_i = \begin{bmatrix} \cos\varphi_i\cos\kappa_i - \sin\varphi_i\sin\omega_i\sin\kappa_i & -\cos\varphi_i\sin\kappa_i - \sin\varphi_i\sin\omega_i\cos\kappa_i & -\sin\varphi_i\cos\omega_i \\ \cos\omega_i\sin\kappa_i & \cos\omega_i\cos\kappa_i & -\sin\omega_i \\ \sin\varphi_i\cos\kappa_i + \cos\varphi_i\sin\omega_i\sin\kappa_i & -\sin\varphi_i\sin\kappa_i + \cos\varphi_i\sin\omega_i\cos\kappa_i & \cos\varphi_i\cos\omega_i \end{bmatrix}$$

其中，φ,ω,κ，为像片的内外方位元素（$i=1,3$）。

将（9.20）式展开可以得到：

$$F = BX(v_1 w_3 - v_3 w_1) - BY(u_1 w_3 - u_3 w_1) + BZ(u_1 v_3 - u_3 v_1) \quad (9.22)$$

由于摄像机、像片畸变等一些原因，$S_1 p_1$、$S_3 p_3$ 不能严格交于物方点 P，故取当 F 的值最小时所对应的一对像点 p_1、p_3 为同名像点。由于 p_1、p_2 为一对同名像点，p_2、p_3 也为一对同名像点，故而 p_1、p_2、p_3 三个像点为三张像片中的一组同名点。

1）确定初始匹配点

以像片 2 为基准图像，对像片 2 中的一特征点 $p_2(x_2,y_2)$ 利用共面条件分别在像片 1 和像片 3 中求出相应的同名核线 L_{21}、L_{23}。在 L_{21} 核线上利用 Moravec 算子提取出所有的特征点，即灰度梯度最大的点 Z，记录其像点点号以及灰度值 $g(Z)$。对每个特征点 Z 的邻域窗口分别向前和向后进行一次差分运算，当参与差分运算的两相邻像素点所对应的灰度值差小于一定阈值时，停止运算并取出前后差分相对应的像素点点号 S_1、S_2 和灰度值 $g(S_1)$、$g(S_2)$，S_1、Z、S_2 即为一个特征段，取出灰度差。根据灰度差的符号（正、负号）来确定初始匹配点对，即灰度差同为正或负的特征段进行相互匹配，且设置相关系数阈值为 0.8，即大于 0.8 的特征段提出的点为初始匹配点。

2）确定唯一匹配点

为了剔除不正确的同名点，确定出像片 1 和像片 3 上唯一一对同名点对，如图 9.28，对 I_1 中的所有初始匹配点 p_{11}、p_{12}、p_{13}、p_{14}、p_1、p_{15} 按照上文所述匹配原理利用共面条件在 I_3 中所有初始匹配点 p_{31}、p_{32}、p_{33}、p_3、p_{34} 中找到满足 F 最小值所对应的点。如图 9.28 中 p_1、p_3 为像片 2 中的一特征点 p_2 的同名像点。而在实际运用中，当特征点 p_2 的候选匹配点有多个且距离很小时，仅仅依靠 F 最小的条件会导致匹配

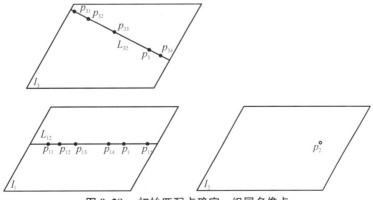

图 9.28　初始匹配点确定一组同名像点

不准确,如 I_1 中的 p_1 点与 I_3 中的 p_{34} 点误匹配。为了避免这一点,提高匹配精度,以 I_1、I_3 为一组像对,通过 I_1 中匹配点 p_1 利用共面条件求取一对同名核线,分别在以点 p_1、p_{34} 为中点取一定长度同名核线灰度数组(如取数组长度 91),计算两数组的相关系数,设置相关系数阈值为 0.8,当两数组的相关系数小于 0.8 时,剔除这组匹配点。

3)匹配结果

用一组立体交通视频图像对上述匹配算法进行验证实验,表 9.5 为三张像片的内外方位元素参数。

表 9.5　像片组的内外方位元素

图像	X_s/m	Y_s/m	Z_s/m	φ/rad	ω/rad	κ/rad	$f/$ 像素	k_1
图像 1	13.240	55.180	211.795	0.004 846	$-0.112\ 883$	$-0.035\ 377$	6 387.84	4.74×10^{-09}
图像 2	16.199	55.057	210.035	$-0.028\ 917$	$-0.117\ 464$	$-0.006\ 846$	6 259.31	1.69×10^{-08}
图像 3	13.268	57.767	209.459	0.003 859	$-0.127\ 994$	$-0.057\ 311$	6 519.32	3.44×10^{-08}

由于采用的图像为高速公路视频图像组,道路区域的特征点为有效特征点,故在提取初始匹配点时限制核线搜索区域为道路区域。图 9.29 为实验图像组,均选取经过车辆的核线以便提取更多非典型特征点,表 9.6 为实验图像匹配结果数据统计。

图 9.29　立体交通视频图像组及部分核线特征点

表 9.6　部分核线特征匹配结果

核线	匹配点对数	正确匹配点对数	正确匹配率 /%
核线 1	11	11	100
核线 2	12	12	100
核线 3	9	9	100

9.7　图像特征点的异常识别方法

核线匹配的结果是一系列同名像点集合。根据同名像点可以计算各点对应的目标点三维坐标。将该坐标与三维数字模型比较获得差值,同时计算坐标的运动速度,根据差值和运动速度可以推断点位与模型之间的关系,据此可判断当前高速公路上是否有交通异常发生,当判断属实,系统即发预警信息,由人工干预后实施下一步处置;否则继续进行新的检测。

采用目标点高程与相应的路面高程相比较的方法判别是否属于交通异常状况,主要内容包括:

（1）双线性插值计算目标点对应的路面高程(图9.30)

根据目标点(X,Y,Z)来确定原始地面的高程Z_0的方法如下:

① 确定$Z_0(X,Y)$所在的路面DEM的格网;

② 利用双线插值(图9.30)计算(X,Y)处的高程Z_0。

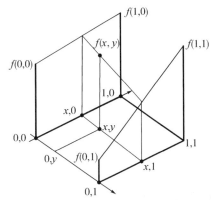

图9.30　双线性高程插值示意图

（2）高程判别

将目标点$(X、Y、Z)$的高程Z与路面高程Z_0相比较,判别该目标点处是否交通异常。

（3）监测点异常识别及记录

将计算出的目标点与路面数字地面模型相比较,进行交通异常的识别,主要包括以下研究内容:

① 插值计算

路面数字地面是由一系列格网点构成的路面点高程,而计算出的目标点具有三维坐标$(X、Y、Z)$,但其并不正好落在格网点上,而是落在某个格网的内部,如图9.31所示。

插值计算的目的就是计算对应于目标点(X,Y,Z)的路面高程Z_0。

② 高程判别

将目标点$(X、Y、Z)$的高程Z与路面高程Z_0相比较,有三种可能的情况:

图 9.31　路面高程网格

表 9.7　交通异常识别分析表

比较结果	几何意义	情况分析
$Z > Z_0$	高于路面	交通异常,根据高程差异进一步定性分析
$Z = Z_0$	与路面同高	初步判别为阴影、纸片等非障碍目标
$Z < Z_0$	低于路面	不可能出现

③ 路面抛洒物分析

根据目标点高程与路面高程的差异大小进一步判断抛洒物的类型。

(4) 异常点点云数据的生成及预警显示

高程判别的结果为一系列高程异常点,用专门的文件保存为点云文件,同时将这些点云在图像上的位置显示出来,同时进行联动预警,显示成果如图 9.32 所示。

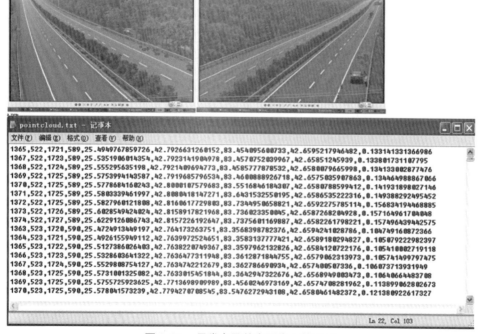

图 9.32　异常点及其在图像上的显示

习　　题

1. 简述高速公路路面抛洒物立体检测的重要性及其在交通安全中的作用。

2. 讨论在高速公路上布设摄像机时需要考虑的因素,以及如何确保摄像机能够有效捕捉路面情况。

3. 解释在高速公路路面抛洒物检测中,如何选择合适的世界坐标系,并描述建立过程。

4. 阐述高速公路面 DEM 建立的原理,并讨论其在立体检测中的应用。

5. 解释在高速公路路面 DEM 中,插值方法的作用以及常用的插值技术。

6. 讨论影响高速公路路面抛洒物立体检测精度的因素,并提出提高精度的方法。

7. 解释核线相关概念,并讨论核线匹配技术在立体匹配中的应用及其优势。

8. 描述图像特征点的异常识别方法,并讨论如何区分真实抛洒物和检测噪声。

◇ 第十章
基于车载摄像机的视觉感知

智慧交通的关键技术之一是智能驾驶技术,对驾乘人员、车辆本身和行车环境的智能感知是智能驾驶的必要前提条件。利用车载摄像机对驾乘人员、车辆本身和行车环境的感知是直观、廉价和快速的方式。路面实时安全状况、附近车辆或行人的安全距离检测,是基于图像的视觉感知的基本功能。本章以车辆摄像机为研究对象,对车辆行驶范围内的三维视觉感知原理、方法进行了介绍,并根据智能驾驶对距离感知的精度要求,提出了相应的解决方案。

10.1 概述

从驾驶员辅助到全自动,驾驶自动化分为五个公认的等级。它们是由汽车工程师学会(SAE)提出的,人类对驾驶的参与程度的不同,实际分为 6 个级别,但是级别 0 意味着没有自动化,完全由人类控制车辆。

L_1:驾驶员辅助。人类驾驶员负责所有的汽车操作任务,包括加速、转向、制动和监控周围环境等。汽车中有一个驾驶辅助系统,可以帮助转向或加速,但这两者不能同时进行,比如常见的定速巡航、自动泊车等。

L_2:部分自动化。在这个级别上,汽车可以同时辅助转向和加速,而驾驶员仍然负责大多数安全关键功能和环境监控。目前,2 级自动驾驶汽车在道路上最为常见。

L_3:有条件自动化。从 L_3 开始,汽车本身使用自动驾驶车辆传感器监视环境,并执行其他动态驾驶任务,如制动。如果发生系统故障或其他意外情况,则必须准备好进行人工干预。

L_4:高度自动化。L_4 意味着高度自动化,即使在极端情况下,汽车也能够在没有驾驶员干预的情况下完成整个行程。但是,有一些限制:只有当系统检测到交通状况安全且没有交通堵塞时,驾驶员才能将车辆切换到该模式。

L_5:完全自动化。目前完全自动化的汽车区还未完全成熟,但汽车制造商努力致力于实现5级自动驾驶,其中驾驶员只需指定目的地,车辆就会对所有驾驶模式负有全部责任。因此,5级汽车没有方向盘或踏板这样的人工控制装置。

自动驾驶技术离不开车载传感器。没有物联网传感器,自动驾驶汽车就不可能实现:它们使汽车看到和感知道路上的一切,并收集安全驾驶所需的信息。此外,对这些信息进行处理和分析,以构建从 A 点到 B 点的路径,并向汽车控制装置发送适当的指令,例如转向、加速和制动。此外,物联网传感器收集的信息,包括实际路径、交通堵塞和道路上的障碍物,可以在物联网汽车之间进行共享。这被称为车对车通信,有助于提高驾驶自动化。当今大多数汽车制造商通常使用以下三种类型的自动驾驶汽车传感器:摄像头、雷达和激光雷达。

摄像头传感器就像人类驾驶员的眼睛一样,自动驾驶汽车使用摄像头来观察和解释道路上的物体。通过在各个角度为汽车配备摄像头,这些车辆可以保持360°的外部环境视野,并提供周围交通状况的更广阔画面。如今,可以使用3D摄像头显示非常详细的逼真图像,自动检测物体,对其进行分类,并确定与物体的距离。例如,摄像头可以识别其他汽车、行人、骑自行车的人、交通标志和信号、道路标记、桥梁和护栏。

微波、毫米波和超声波雷达传感器对自动驾驶的整体功能做出了至关重要的贡献。它们发出无线电波以检测物体并实时测量其距离和速度。短距离和远距离雷达传感器通常部署在汽车各处,并具有不同的功能。短距离雷达应用可以实现盲点监测、车道保持辅助和停车辅助,而远距离雷达传感器的作用包括自动距离控制和制动辅助。与摄像头不同的是,雷达系统在雾天或雨天识别物体时通常没有问题。由于目前汽车雷达传感器只能正确识别95%的行人,不足以确保安全性,因此行人识别算法还需要进一步改进。此外,广泛使用的2D雷达只能水平扫描,因此无法确定物体的高度,这可能会在桥下行驶时引起问题,目前正在研发的3D雷达有望解决这一问题。

激光雷达传感器使用激光而不是无线电波,激光雷达由于激光的指向性特别好,因此可以准确测量视场中物体轮廓边沿与设备间的相对距离,准确绘制出精度达厘米级别的3D环境地图,是目前技术最可靠的定位技术,暂无其他可替代品,起初主要应用于军事领域,随着我国经济发展,激光雷达应用领域增加,我国激光雷达市场规模将会大幅度增长。车载激光雷达除了测量到与道路上各种物体之间的距离之外,激光雷达还可以创建被探测物体的3D图像并绘制其周围环境的地图。此外,激光雷达可以配置为在车辆周围创建完整的360度地图,而不是依赖于狭窄的视野。这两个优势使自动驾驶汽车制造商选择了激光雷达系统。由于生产激光雷达传感器需要稀土金属,所以它们比雷达传感器贵得多。自动驾驶所需的系统成本可能远远超过 10 000 美元,而Google和Uber使用的顶级物联网传感器的成本高达80 000美元。存在的问题是,雪或雾可能会阻挡激光雷达传感器,并对它们探测物体的能力产生负面影响。表10.1为一些车企对各种传感器的使用情况。

表 10.1　各种传感器的使用情况　　　　　　　　　　　单位:个

厂商及车型	毫米波雷达	车载摄像头	激光雷达	超声波雷达
特斯拉 Model 3	1	8(+1)	/	12
蔚来 ET7	5	11	/	12
小鹏 G3	3	5	/	12
理想 ONE	1	5(+1)	/	12
威马 W6	5	7	/	12
爱驰 U5	3	7	/	12
北汽蓝谷 极狐 αS	6	12	3	13
智己汽车	5	15	/	12

10.2　车载摄像系统

车载摄像头是自动驾驶汽车的重要传感器,主要包括镜片、滤光片、CMOS、PCBA、DSP和其他封装、保护材料等。不同于手机摄像头,车载摄像头的模组工艺难度较大,其需要在高低温、湿热、强微光和震动等各种复杂工况条件下长时间保持稳定的工作状态。在自动驾驶汽车中,车载摄像头主要作为采集信息和分析图像的主要途径,可以实现车辆识别、行人识别、车道线识别等一系列功能。按照应用领域可分为行车辅助(行车记录仪、驾驶辅助系统与主动安全系统)、驻车辅助(全车环视)与车内人员监控(人脸识别技术),贯穿车辆行驶到泊车全过程,因此对摄像头工作时间与温度有较高的要求。摄像头最初在汽车上的应用是行车记录仪和倒车影像。随着汽车智能化程度的提高,摄像头开始和算法结合,从而实现车道偏离预警(LDW)、汽车碰撞预警(FCW) 等 ADAS(Advanced Driving Assistance System,驾驶辅助系统) 功能。车载摄像头主要包括内置摄像头、后视摄像头、前视摄像头、侧视摄像头、环视摄像头等。其中,前视摄像头价格相对较高,主要用于防撞预警、车道偏离预警、交通标志识别等;环视摄像头用于全景泊车;后视摄像头用于倒车影像;侧视摄像头用于盲点监测;内置摄像头用于疲劳提醒。高端汽车的各种辅助设备配备的摄像头可多达8个,用于辅助驾驶员泊车或触发紧急刹车。

从工作模式划分,车载摄像头可分为单目摄像头、双目摄像头和多目摄像头三类。单双目镜头都是通过摄像头采集的图像数据获取距离信息,可以在前视摄像头中发挥重要作用。单目视觉通过图像匹配后再根据目标大小计算距离,而双目视觉是通过对两个摄像头的两幅图像视差的计算来测距,因此双目摄像头的精度更高、测度更为精准、成本也相对较高,主要搭载于高端车型上。多目摄像头是通过多个不同的摄像相互配合覆盖不同范围的场景,能够更精准识别和分析环境,目前只应用在部分厂商的个别车型。从目前实际应用来看,单目摄像头由于成本较低,与毫米波雷达、超声波雷达配合使用能满足 L_3 以下级别需求,短期内单目摄像头为车载摄像头的主流方案。图 10.1 是车载摄像头行业提供的车载摄像头市场前景预测。

图 10.1 摄像头行业发展情况

通常来看,ADAS 系统单车搭载至少 6 个摄像头(1 个前视、1 个后视、4 个环视)。伴随自动驾驶程度的提升,车载摄像头数量将逐步增长。从特斯拉系列车型来看,目前主要使用 8 颗摄像头,其余车企的相关车型摄像头数量以 4~5 个为主。表 10.2 是几种常见汽车的摄像头设置及数量情况,随着自动驾驶技术的不断进步,车载摄像头单车配置数量不断提升。如果要实现完全自动驾驶功能,车上需要搭载前视、环视、后视、侧视、内置等五类摄像头。

表 10.2 车载摄像头使用情况

车型	摄像头数量	前视摄像头	侧前视摄像头	侧后视摄像头	后视摄像头
特斯拉	8 个	三目 摄像头模组	2 个,位于 B 柱	2 个,翼子板	1 个
小鹏 P7	14 个	三目 摄像头模组	4 个,位于后视镜	2 个,翼子板	1 个
奔驰 S	7 个	双目立体 摄像头模组	2 个,位于后视镜	—	1 个

从发展趋势看,夜视摄像头将成为车载摄像头的标配。夜视技术主要分为微光夜视技术和主动红外夜视技术两类,微光夜视技术通过将夜间观察目标反射的低亮度自然光增强数十万倍,使得观察目标清晰可见;主动红外夜视技术通过对观察目标主动照射红外光,利用目标反射红外源的红外光实施观察,具有成像清晰度高等特点,因而逐渐受到市场关注。同时,具有深度交互能力的车载摄像头不断开发与普及,例如:安装在汽车座舱内的内置车载摄像头可实现人脸识别、疲劳检测、手势识别、注意力监测及驾驶行为分析等功能。此外,内置车载摄像头还可对驾驶者的视线方向进行实时跟踪,以判断驾驶员的注意力是否集中于路面,当驾驶者出现疲劳或分心状态时,产品系统就会发出不同级别的警报信号,对于驾驶者的人身安全起到重要作用。

10.3　车载摄像机的双目标定

摄像机标定的内容是相机的畸变参数、内参数和外参数。双目标定除了标定摄像机的畸变参数和内参数以外,摄像机的外参数更加重要,因为计算车辆周围物体的三维坐标需要知道双目摄像头之间的相对外参数。因此,本部分内容主要在第八章相机标定的基础上,重点介绍双目摄像机的标定方法。

双目标定当然可以采用本书第八章介绍的方法对两个摄像头分别标定。然而,如果双目摄像头之间具有固定的几何关系的话(例如双目摄像头的距离是固定的),可以将这些固定的几何关系作为一致条件,参与到标定中去,以提高双目摄像头的标定精度。

10.3.1　基于共线方程的车载摄像机双目标定

当具有足够多的三维控制点时,可以将移动三维控制系统安置在双目摄像头前,同步拍摄双目像片。根据每个控制点的世界坐标和其在双目像片上的像素坐标可以列出如公式(10.1)所示的方程,即每个控制点可以列出四个方程。

$$
\begin{cases}
u = u_0 - \Delta u + f_x \cdot \dfrac{a_1(X_W - X_S) + b_1(Y_W - Y_S) + c_1(Z_W - Z_S)}{a_3(X_W - X_S) + b_3(Y_W - Y_S) + c_3(Z_W - Z_S)} \\[3mm]
v = v_0 - \Delta v + f_y \cdot \dfrac{a_2(X_W - X_S) + b_2(Y_W - Y_S) + c_2(Z_W - Z_S)}{a_3(X_W - X_S) + b_3(Y_W - Y_S) + c_3(Z_W - Z_S)} \\[3mm]
u' = u'_0 - \Delta u' + f'_x \cdot \dfrac{a'_1(X'_W - X'_S) + b'_1(Y'_W - Y'_S) + c'_1(Z'_W - Z'_S)}{a'_3(X'_W - X'_S) + b'_3(Y'_W - Y'_S) + c'_3(Z'_W - Z'_S)} \\[3mm]
v' = v'_0 - \Delta v' + f'_y \cdot \dfrac{a'_2(X'_W - X'_S) + b'_2(Y'_W - Y'_S) + c'_2(Z'_W - Z'_S)}{a'_3(X'_W - X'_S) + b'_3(Y'_W - Y'_S) + c'_3(Z'_W - Z'_S)}
\end{cases}
\tag{10.1}
$$

对式(10.1)线性化,得到全微分方程,然后用最小二乘法原理求解其中的未知数,这些未知数包括左右相机的畸变参数(各 5 个,共 10 个),相机内参数(各 4 个,共 8 个)和外参数(各 6 个,共 12 个),其步骤如下:

(1) 对公式中的各个参数求偏导数

对畸变参数求导的结果见公式(10.2)。

$$
\begin{aligned}
\boldsymbol{A} &= \begin{bmatrix}
a_{11} & a_{12} & a_{13} & a_{14} & a_{15} & 0 & 0 & 0 & 0 & 0 \\
a_{21} & a_{22} & a_{23} & a_{24} & a_{25} & 0 & 0 & 0 & 0 & 0 \\
0 & 0 & 0 & 0 & 0 & a'_{11} & a'_{12} & a'_{13} & a'_{14} & a'_{15} \\
0 & 0 & 0 & 0 & 0 & a'_{21} & a'_{22} & a'_{23} & a'_{24} & a'_{25}
\end{bmatrix} \\
&= \begin{bmatrix}
\dfrac{\partial u}{\partial k_1} & \dfrac{\partial u}{\partial k_2} & \dfrac{\partial u}{\partial k_3} & \dfrac{\partial u}{\partial p_1} & \dfrac{\partial u}{\partial p_2} & 0 & 0 & 0 & 0 & 0 \\
\dfrac{\partial v}{\partial k_1} & \dfrac{\partial v}{\partial k_2} & \dfrac{\partial v}{\partial k_3} & \dfrac{\partial v}{\partial p_1} & \dfrac{\partial v}{\partial p_2} & 0 & 0 & 0 & 0 & 0 \\
0 & 0 & 0 & 0 & 0 & \dfrac{\partial u'}{\partial k'_1} & \dfrac{\partial u'}{\partial k'_2} & \dfrac{\partial u'}{\partial k'_3} & \dfrac{\partial u'}{\partial p'_1} & \dfrac{\partial u'}{\partial p'_2} \\
0 & 0 & 0 & 0 & 0 & \dfrac{\partial v'}{\partial k'_1} & \dfrac{\partial v'}{\partial k'_2} & \dfrac{\partial v'}{\partial k'_3} & \dfrac{\partial v'}{\partial p'_1} & \dfrac{\partial v'}{\partial p'_2}
\end{bmatrix}
\end{aligned}
\tag{10.2}
$$

对内参数求导的结果见公式(10.3)。

$$
\begin{aligned}
\boldsymbol{B} &= \begin{bmatrix}
b_{11} & b_{12} & b_{13} & b_{14} & 0 & 0 & 0 & 0 \\
b_{21} & b_{22} & b_{23} & b_{24} & 0 & 0 & 0 & 0 \\
0 & 0 & 0 & 0 & b'_{11} & b'_{12} & b'_{13} & b'_{14} \\
0 & 0 & 0 & 0 & b'_{21} & b'_{22} & b'_{23} & b'_{34}
\end{bmatrix} \\
&= \begin{bmatrix}
\dfrac{\partial u}{\partial f_x} & \dfrac{\partial u}{\partial f_y} & \dfrac{\partial u}{\partial u_0} & \dfrac{\partial u}{\partial v_0} & 0 & 0 & 0 & 0 \\
\dfrac{\partial v}{\partial f_x} & \dfrac{\partial v}{\partial f_y} & \dfrac{\partial v}{\partial u_0} & \dfrac{\partial v}{\partial v_0} & 0 & 0 & 0 & 0 \\
0 & 0 & 0 & 0 & \dfrac{\partial u'}{\partial f'_x} & \dfrac{\partial u'}{\partial f'_y} & \dfrac{\partial u'}{\partial u'_0} & \dfrac{\partial u'}{\partial v'_0} \\
0 & 0 & 0 & 0 & \dfrac{\partial v'}{\partial f'_x} & \dfrac{\partial v'}{\partial f'_y} & \dfrac{\partial v'}{\partial u'_0} & \dfrac{\partial v'}{\partial v'_0}
\end{bmatrix}
\end{aligned}
\tag{10.3}
$$

对外参数求导的结果见公式(10.4)。

$$
\boldsymbol{C} = \begin{bmatrix}
c_{11} & c_{12} & c_{13} & c_{14} & c_{15} & c_{16} & 0 & 0 & 0 & 0 & 0 & 0 \\
c_{21} & c_{22} & c_{23} & c_{24} & c_{25} & c_{26} & 0 & 0 & 0 & 0 & 0 & 0 \\
0 & 0 & 0 & 0 & 0 & 0 & c'_{11} & c'_{12} & c'_{13} & c'_{14} & c'_{15} & c'_{16} \\
0 & 0 & 0 & 0 & 0 & 0 & c'_{21} & c'_{22} & c'_{23} & c'_{24} & c'_{25} & c'_{26}
\end{bmatrix}
$$

$$
= \begin{bmatrix}
\dfrac{\partial u}{\partial X_S} & \dfrac{\partial u}{\partial Y_S} & \dfrac{\partial u}{\partial Z_S} & \dfrac{\partial u}{\partial \varphi} & \dfrac{\partial u}{\partial \omega} & \dfrac{\partial u}{\partial \kappa} & 0 & 0 & 0 & 0 & 0 & 0 \\[2mm]
\dfrac{\partial v}{\partial X_S} & \dfrac{\partial v}{\partial Y_S} & \dfrac{\partial v}{\partial Z_S} & \dfrac{\partial v}{\partial \varphi} & \dfrac{\partial v}{\partial \omega} & \dfrac{\partial v}{\partial \kappa} & 0 & 0 & 0 & 0 & 0 & 0 \\[2mm]
0 & 0 & 0 & 0 & 0 & 0 & \dfrac{\partial u'}{\partial X'_S} & \dfrac{\partial u'}{\partial Y'_S} & \dfrac{\partial u'}{\partial Z'_S} & \dfrac{\partial u'}{\partial \varphi'} & \dfrac{\partial u'}{\partial \omega'} & \dfrac{\partial u'}{\partial \kappa'} \\[2mm]
0 & 0 & 0 & 0 & 0 & 0 & \dfrac{\partial v'}{\partial X'_S} & \dfrac{\partial v'}{\partial Y'_S} & \dfrac{\partial v'}{\partial Z'_S} & \dfrac{\partial v'}{\partial \varphi'} & \dfrac{\partial v'}{\partial \omega'} & \dfrac{\partial v'}{\partial \kappa'}
\end{bmatrix}
$$

$$(10.4)$$

（2）用矩阵表示的误差方程

$$
\begin{bmatrix} V_u \\ V_v \end{bmatrix} = \begin{bmatrix} \boldsymbol{A} & \boldsymbol{B} & \boldsymbol{C} \end{bmatrix} \begin{bmatrix} X_{\text{畸变}} \\ X_{\text{内}} \\ X_{\text{外}} \end{bmatrix} - \begin{bmatrix} L_u \\ L_v \end{bmatrix} \tag{10.5}
$$

用矩阵表示的误差方程见公式(10.6)，一个公共点可以列出 4 个方程式，有 n 个公共点可以列出 $4n$ 个方程式，求解其中的 30 个参数（每张像片 5 个畸变系数、4 个内参数和 6 个外参数）。

$$
\boldsymbol{V} = \boldsymbol{D}\boldsymbol{X} - \boldsymbol{L} \tag{10.6}
$$

（3）最小二乘法求参数

根据最小二乘原理，矛盾方程组在满足 $\sum \boldsymbol{V}^{\mathrm{T}}\boldsymbol{V} = \min$ 条件下的解为：

$$
(\boldsymbol{D}^{\mathrm{T}}\boldsymbol{D})\boldsymbol{X} = (\boldsymbol{D}^{\mathrm{T}}\boldsymbol{L}) \tag{10.7}
$$

$$
\boldsymbol{X} = (\boldsymbol{D}^{\mathrm{T}}\boldsymbol{D})^{-1}(\boldsymbol{D}^{\mathrm{T}}\boldsymbol{L}) \tag{10.8}
$$

这里将所有的参数同时计算处理，理论严密，计算精度高。

（4）固定距离摄像头的条件

对于安装在车辆上的固定位置的双目摄像机，其距离 d 是固定值，也就是说两个摄像头的外参数必须满足距离等于 d 的条件，即

$$\sqrt{(X_S-X'_S)^2+(Y_S-Y'_S)^2+(Z_S-Z'_S)^2}=d \qquad (10.9)$$

将方程改写为

$$F=(X_S-X'_S)^2+(Y_S-Y'_S)^2+(Z_S-Z'_S)^2=d^2 \qquad (10.10)$$

线性化后得到微分公式

$$2(X_S-X'_S)\cdot\Delta X_S+2(Y_S-Y'_S)\cdot\Delta Y_S+2(Z_S-Z'_S)\cdot\Delta Z_S-2(X_S-X'_S)\cdot\Delta X'_S-$$
$$2(Y_S-Y'_S)\cdot\Delta Y'_S-2(Z_S-Z'_S)\cdot\Delta Z'_S-(d^2-F^0)=0 \qquad (10.11)$$

将其与式(10.7)一起求解,即可求得满足距离条件的相机参数。

求解出的双目相机参数见表10.3。

表 10.3　共线方程法双目标定参数类型

参数类型	畸变参数	内参数	外参数
左像片	k_1、k_2、k_3、p_1、p_2	f_x、f_y、u_0、v_0	X_S、Y_S、Z_S、φ、ω、κ
右像片	k'_1、k'_2、k'_3、p'_1、p'_2	f'_x、f'_y、u'_0、v'_0	X'_S、Y'_S、Z'_S、φ'、ω'、κ'

10.3.2　基于二维 DLT 的车载摄像机双目标定

二维格网标定板具有携带便利、点位精度高、标准点易于识别等优点,同样可以运用到双目摄像头标定中,主要有单目预标定和共线方程精标定。

1）单目预标定

利用"8.3.3 二维直接线性变换标定"的方法对双目图像分别进行二维 DLT 标定,求得两个摄像头单独标定的参数,见表10.4。

表 10.4　二维 DLT 标定参数

参数类型	畸变参数	内参数	外参数
左像片	k_1、k_2、k_3、p_1、p_2	f	X_S、Y_S、Z_S、φ、ω、κ
右像片	k'_1、k'_2、k'_3、p'_1、p'_2	f'	X'_S、Y'_S、Z'_S、φ'、ω'、κ'

2）共线方程精标定

利用公式(10.1)的共线方程,对外参数进行精标定。其误差方程式是将公式(10.1)对外参数求偏导数的结果,即

$$\boldsymbol{C}=\begin{bmatrix} c_{11} & c_{12} & c_{13} & c_{14} & c_{15} & c_{16} & 0 & 0 & 0 & 0 & 0 & 0 \\ c_{21} & c_{22} & c_{23} & c_{24} & c_{25} & c_{26} & 0 & 0 & 0 & 0 & 0 & 0 \\ 0 & 0 & 0 & 0 & 0 & 0 & c'_{11} & c'_{12} & c'_{13} & c'_{14} & c'_{15} & c'_{16} \\ 0 & 0 & 0 & 0 & 0 & 0 & c'_{21} & c'_{22} & c'_{23} & c'_{24} & c'_{25} & c'_{26} \end{bmatrix}$$

$$=\begin{bmatrix} \dfrac{\partial u}{\partial X_S} & \dfrac{\partial u}{\partial Y_S} & \dfrac{\partial u}{\partial Z_S} & \dfrac{\partial u}{\partial \varphi} & \dfrac{\partial u}{\partial \omega} & \dfrac{\partial u}{\partial \kappa} & 0 & 0 & 0 & 0 & 0 & 0 \\ \dfrac{\partial v}{\partial X_S} & \dfrac{\partial v}{\partial Y_S} & \dfrac{\partial v}{\partial Z_S} & \dfrac{\partial v}{\partial \varphi} & \dfrac{\partial v}{\partial \omega} & \dfrac{\partial v}{\partial \kappa} & 0 & 0 & 0 & 0 & 0 & 0 \\ 0 & 0 & 0 & 0 & 0 & 0 & \dfrac{\partial u'}{\partial X'_S} & \dfrac{\partial u'}{\partial Y'_S} & \dfrac{\partial u'}{\partial Z'_S} & \dfrac{\partial u'}{\partial \varphi'} & \dfrac{\partial u'}{\partial \omega'} & \dfrac{\partial u'}{\partial \kappa'} \\ 0 & 0 & 0 & 0 & 0 & 0 & \dfrac{\partial v'}{\partial X'_S} & \dfrac{\partial v'}{\partial Y'_S} & \dfrac{\partial v'}{\partial Z'_S} & \dfrac{\partial v'}{\partial \varphi'} & \dfrac{\partial v'}{\partial \omega'} & \dfrac{\partial v'}{\partial \kappa'} \end{bmatrix}$$

$$(10.12)$$

式(10.12)满足最小二乘法原理的方程为

$$(\boldsymbol{C}^{\mathrm{T}}\boldsymbol{C})\boldsymbol{X}=(\boldsymbol{C}^{\mathrm{T}}\boldsymbol{L}) \tag{10.13}$$

将式(10.13)与下面的双目摄像头距离条件式(10.14)同时求解可得到精确的双目摄像头外参数。

$$2(X_S-X'_S)\cdot\Delta X_S+2(Y_S-Y'_S)\cdot\Delta Y_S+2(Z_S-Z'_S)\cdot\Delta Z_S-2(X_S-X'_S)\cdot\Delta X'_S-$$
$$2(Y_S-Y'_S)\cdot\Delta Y'_S-2(Z_S-Z'_S)\cdot\Delta Z'_S-(d^2-F^0)=0 \tag{10.14}$$

10.3.3　基于相对定向的车载摄像机双目标定

　　由于车辆是处于移动过程之中的,当我们仅仅检测车辆周围目标与车辆的距离时,并不需要固定的世界坐标系,而是以车身坐标系为世界坐标系。通用的车身坐标系是以左摄像头的物镜中心 S_1 为原点心、S_1S_2 为世界坐标系的 X_W,也即为双目像片的相对定向,见图10.2所示。

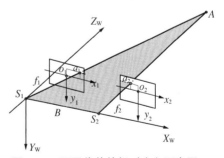

图 10.2　双目像片的相对定向示意图

　　在很多情况下,摄像机的畸变参数取 k_1、内参数取 $f(f=f_x=f_y,u_0=v_0=0)$,双目距离检测也能达到相同的精度。因此,这时只要知道左右摄像机的相对外参数即可。这样，我们可以采用双目像片相对定向的方法求得左右像片的畸变参数（k_1、k_2）、内参数（f_1、f_2）和相对外参数（φ_1、κ_1、φ_2、ω_2、κ_2）。

1）相对定向基本原理

如图 10.2 所示，a_1、a_2 在 S_1-$X_W Y_W Z_W$ 的坐标分别用（u_1、v_1、w_1）、（u_2、v_2、w_2）表示，S_1、S_2 在 S_1-$X_W X_W X_W$ 的坐标分别用（X_{S1}，Y_{S1}，Z_{S1}）、（X_{S2}，Y_{S2}，Z_{S2}）表示，左右像片的姿态角及旋转矩阵分别用（φ_1、ω_1、κ_1）、（φ_2、ω_2、κ_2）及 $\boldsymbol{R}_1$、$\boldsymbol{R}_2$ 表示，其中

$$\boldsymbol{R}_1 = \begin{bmatrix} a_1 & a_2 & a_3 \\ b_1 & b_2 & b_3 \\ c_1 & c_2 & c_3 \end{bmatrix} \text{ 和 } \boldsymbol{R}_2 = \begin{bmatrix} a'_1 & a'_2 & a'_3 \\ b'_1 & b'_2 & b'_3 \\ c'_1 & c'_2 & c'_3 \end{bmatrix} \tag{10.15}$$

左右摄像机参数包括焦距和畸变系数，分别用 f_1、k_1 和 f_2、k_2 表示。

在摄影瞬间，两个摄影中心 S_1、S_2 和空间点 A 三点共面（称为核面）。其共面条件方程式混合积等于 0，即

$$F = \overrightarrow{S_1 S_2} \cdot (\overrightarrow{S_1 a_1} \times \overrightarrow{S_1 a_2}) = 0 \tag{10.16}$$

2）相对定向公式

根据混合积公式可知，

$$F = \begin{vmatrix} B & 0 & 0 \\ u_1 & v_1 & w_1 \\ u_2 & v_2 & w_2 \end{vmatrix} = 0 \tag{10.17}$$

根据第八章的知识可知

$$\begin{bmatrix} u_1 \\ v_1 \\ w_1 \end{bmatrix} = \boldsymbol{R}_1 \begin{bmatrix} x_1 + \Delta x_1 \\ y_1 + \Delta y_1 \\ f_1 \end{bmatrix} = \begin{bmatrix} a_1 & a_2 & a_3 \\ b_1 & b_2 & b_3 \\ c_1 & c_2 & c_3 \end{bmatrix} \begin{bmatrix} x_1(1 + \kappa_1 r_1^2) \\ y_1(1 + \kappa_1 r_1^2) \\ f_1 \end{bmatrix}$$

$$= \begin{bmatrix} a_1 x_1(1 + \kappa_1 r_1^2) + a_2 y_1(1 + \kappa_1 r_1^2) + a_3 f_1 \\ b_1 x_1(1 + \kappa_1 r_1^2) + b_2 y_1(1 + \kappa_1 r_1^2) + b_3 f_1 \\ c_1 x_1(1 + \kappa_1 r_1^2) + c_2 y_1(1 + \kappa_1 r_1^2) + c_3 f_1 \end{bmatrix} \tag{10.18}$$

$$\begin{bmatrix} u_2 \\ v_2 \\ w_2 \end{bmatrix} = \boldsymbol{R}_2 \begin{bmatrix} x_2 + \Delta x_2 \\ y_2 + \Delta y_2 \\ f_2 \end{bmatrix} = \begin{bmatrix} a'_1 & a'_2 & a'_3 \\ b'_1 & b'_2 & b'_3 \\ c'_1 & c'_2 & c'_3 \end{bmatrix} \begin{bmatrix} x_2(1 + \kappa_2 r_2^2) \\ y_2(1 + \kappa_2 r_2^2) \\ f_2 \end{bmatrix}$$

$$
= \begin{bmatrix}
a'_1 x_2(1+\kappa_2 r_2^2) + a'_2 y_2(1+\kappa_2 r_2^2) + a'_3 f_2 \\
b'_1 x_2(1+\kappa_2 r_2^2) + b'_2 y_2(1+\kappa_2 r_2^2) + b'_3 f_2 \\
c'_1 x_2(1+\kappa_2 r_2^2) + c'_2 y_2(1+\kappa_2 r_2^2) + c'_3 f_2
\end{bmatrix} \tag{10.19}
$$

则

$$
F = \overrightarrow{S_1 S_2} \cdot (\overrightarrow{S_1 a_1} \times \overrightarrow{S_1 a_2}) = \begin{vmatrix} B & 0 & 0 \\ u_1 & v_1 & w_1 \\ u_2 & v_2 & w_2 \end{vmatrix} = B \begin{vmatrix} v_1 & w_1 \\ v_2 & w_2 \end{vmatrix} =
$$

$$
B \begin{vmatrix} b_1 x_1(1+\kappa_1 r_1^2)+b_2 y_1(1+\kappa_1 r_1^2)+b_3 f_1 & c_1 x_1(1+\kappa_1 r_1^2)+c_2 y_1(1+\kappa_1 r_1^2)+c_3 f_1 \\ b'_1 x_2(1+\kappa_2 r_2^2)+b'_2 y_2(1+\kappa_2 r_2^2)+b'_3 f_2 & c'_1 x_2(1+\kappa_2 r_2^2)+c'_2 y_2(1+\kappa_2 r_2^2)+c'_3 f_2 \end{vmatrix}
$$

$$
= B(v_1 w_2 - v_2 w_1) = 0 \tag{10.20}
$$

对未知参数求微分得到

$$
v_F = \frac{\partial F}{\partial \varphi_1} d\varphi_1 + \frac{\partial F}{\partial \kappa_1} d\kappa_1 + \frac{\partial F}{\partial \varphi_2} d\varphi_2 + \frac{\partial F}{\partial \omega_2} d\omega_2 + \frac{\partial F}{\partial \kappa_2} d\kappa_2 + \frac{\partial F}{\partial f_1} df_1 + \frac{\partial F}{\partial k_1} dk_1
$$

$$
+ \frac{\partial F}{\partial f_2} df_2 + \frac{\partial F}{\partial k_2} dk_2 + F^0 \tag{10.21}
$$

对各个偏导数公式推导得到

$$
\begin{cases}
\dfrac{\partial F}{\partial \varphi_1} = -u_1 v_2 \\[2mm]
\dfrac{\partial F}{\partial \kappa_1} = [b_2(x_1+\Delta x_1) - b_1(y_1+\Delta y_1)]w_2 - [c_2(x_1+\Delta x_1) - c_1(y_1+\Delta y_1)]v_2 \\[2mm]
\dfrac{\partial F}{\partial \varphi_2} = u_2 v_1 \\[2mm]
\dfrac{\partial F}{\partial \omega_2} = v_1 v_2 \cos\varphi_2 - w_1(u_2 \sin\varphi_2 - w_1 \cos\varphi_2) \\[2mm]
\dfrac{\partial F}{\partial \kappa_2} = [c'_2(x_2+\Delta x_2) - c'_1(y_2+\Delta y_2)]v_1 - [b'_2(x_2+\Delta x_2) - b'_1(y_2+\Delta y_2)]w_1 \\[2mm]
\dfrac{\partial F}{\partial f_1} = b_3 \omega_2 - c_3 v_2 \\[2mm]
\dfrac{\partial F}{\partial k_1} = (b_1 x_1 + b_2 y_1) r_1^2 \omega_2 - (c_1 x_1 + c_2 y_1) r_1^2 v_2 \\[2mm]
\dfrac{\partial F}{\partial f_2} = c'_3 v_1 - b'_3 w_1 \\[2mm]
\dfrac{\partial F}{\partial k_2} = (c'_1 x_2 + c'_2 y_2) r_2^2 v_1 - (b'_1 x_2 + b'_2 y_2) r_2^2 \omega_1 \\[2mm]
F^0 = v_1 w_2 - v_2 w_1
\end{cases}
$$

$$
\tag{10.22}
$$

当双目像片中存在 9 个以上的同名像点时,运用最小二乘法可以求得方程中的 9 个参数。

至此,双目像片的参数见表 10.5。

表 10.5　利用相对定向求出的双目摄像机参数

参数类型	基本参数	内参数	外参数
左像片	k_1	f_1	$0,0,0,\varphi_1,0,\kappa_1$
右像片	k_2	f_2	$d,0,0,\varphi_2,\omega_2,\kappa_2$

10.4　基于车载双目摄像机的三维感知

10.4.1　目标检测

目标检测(Object Detection)是计算机领域的一项重要技术,旨在识别图像或视频中的特定目标并确定其位置。通过训练深度学习模型,如卷积神经网络(CNN),可以实现对各种目标的精确检测。常见的目标检测任务包括:人脸检测、行人检测、车辆检测等。目标检测在安防监控、自动驾驶、智能零售等领域具有广泛应用前景。

1）目标检测的卷积神经网络模型概述

自动驾驶中目标检测的目的是从单目图像中识别出车辆周围的交通要素,为双目距离测量提供测量目标,因此目标跟踪检测具有高精度和高速度的要求。基于深度学习的目标检测算法大致可分为两类(图 10.3):一类是 SSD、YOLO2 等单通道网络结构,这一类网络在具体的实验中虽然速度够,但是容易丢失细节,所以精度有待提升;另一类是 RCNN、Faster-RCNN、RFCNN 等,这一类网络在实验中精度虽然够,但是运行速度较慢,难以满足自动驾驶中的实际环境。针对不同的检测对象,如行人、车辆、车道线以及路侧标识,每一类检测都或多或少地存在一些问题。比如,在实际行车过程中,超车或转弯时,在视线范围内只能显示车的一部分,很难对检测目标进行精确判定。这可能需要对前后多帧图像进行上下文信息的判断融合及目标跟踪。

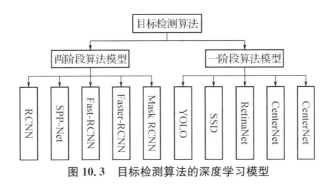

图 10.3　目标检测算法的深度学习模型

2）YOLO 模型原理

YOLO 算法作为一个速度快、精度高的 AI 模型，它采用一个单独的 CNN 模型实现 end-to-end（端对端）的目标检测，核心思想就是利用整张图作为网络的输入，直接在输出层回归 bounding box（边界框）的位置及其所属的类别，整个系统如图 10.4 所示。

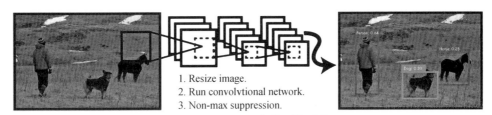

图 10.4　YOLO 深度学习模型原理

YOLO 意思是 You Only Look Once，它并没有真正的去掉候选区域，而是创造性地将候选区和目标分类合二为一，看一眼图片就能知道有哪些对象以及它们的位置。YOLO 模型采用预定义预测区域的方法来完成目标检测，具体而言是将原始图像划分为 $7 \times 7 = 49$ 个网格（grid），每个网格允许预测出 2 个边框（bounding box，包含某个对象的矩形框），总共 $49 \times 2 = 98$ 个 bounding box。我们将其理解为 98 个预测区，粗略地覆盖了图片的整个区域，就在这 98 个预测区中进行目标检测。只要得到这 98 个区域的目标分类和回归结果，再进行非极大值抑制（Non-Maximum Suppresion，NMS）就可以得到最终的目标检测结果。

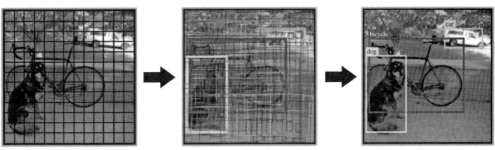

图 10.5　YOLO 深度学习模型示例

3）YOLO 的网络结构

YOLO 的结构非常简单,就是单纯的卷积、池化,最后加了两层全连接,从网络结构上看,与前面介绍的 CNN 分类网络没有本质的区别,最大的差异是输出层用线性函数做激活函数,因为需要预测 bounding box 的位置(数值型),而不仅仅是对象的概率。所以粗略来说,YOLO 的整个结构就是输入图片经过神经网络的变换得到一个输出的张量,如图 10.6 所示。

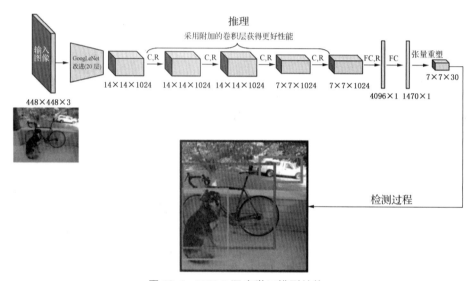

图 10.6 YOLO 深度学习模型结构

4）基于 C# 、OpenCvSharp 和 YOLOv8 的目标检测方法

（1）OpenCvSharp

OpenCvSharp 是一个针对 C#/NET 程序员的 OpenCV 库的包装器。它允许开发人员在 C# 环境中利用 OpenCV 强大的计算机视觉功能,而无需离开他们熟悉的开发环境。OpenCvSharp 提供了对 OpenCV 函数和数据结构的直接访问,因此开发人员可以利用 C# 的语法和功能,同时利用 OpenCV 提供的图像处理和计算机视觉算法。

OpenCvSharp. Dnn 是 OpenCvSharp 的一个扩展模块,它专注于深度学习模型的加载、执行和推理。DNN(深度神经网络)模块提供了一种方便的方式来使用训练有素的深度学习模型进行图像处理和计算机视觉任务,如对象检测、图像分类等。

（2）YOLOv8 模型

由 Ultralytics 开发的 Ultralytics YOLOv8 是一种尖端的、最先进的(SOTA)模型,它在以前的 YOLO 版本成功的基础上,引入了新功能和改进,以进一步提高性能和灵活性。YOLOv8 设计为快速、准确且易于使用，使其成为各种对象检测、图像分割和图像分类任务的绝佳选择。

YOLOv8 是 YOLO 系列目标检测算法的最新版本，相比之前的版本，YOLOv8 具有更快的推理速度、更高的精度、更加易于训练和调整、更广泛的硬件支持以及原生支持自定义数据集等优势。这些优势使得 YOLOv8 成为了目前业界最流行和成功的目标检测算法之一。YOLOv8 提供了 YOLOv8－det、YOLOv8－seg、YOLOv8－pose 和 YOLOv8－cls 预训练模型，每种模型官方还提供了 n、s、m、l、x 五种模型格式。

（3）环境搭建

首先建立用于目标检测的 C♯ 程序，然后在菜单"工具"→"UnGet 工具包管理器"→"管理解决方案的 UnGet 程序包"打开如图 10.7 的界面。

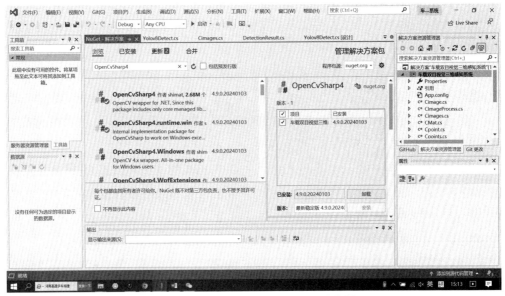

图 10.7　管理解决方案的 UnGet 程序包界面

然后，在图 10.7 所示"管理解决方案包"界面中，点击"浏览"按钮，在搜索窗口输入"OpenCvSharp4"，选择搜索到的 OpenCvSharp4 软件包，然后点击右侧的"安装"，软件系统就自动安装 OpenCvSharp4 程序包。用同样的方法安装 OpenCvSharp4.runtime. win 和 Microsoft. ML. OnnxRuntime 两个工具包，这样基于 C♯ 环境的目标检测环境就搭建好了。

（4）目标检测示例

在 C♯ 平台利用 OpenVINO 和 YOLOv8 对双目图像进行目标检测，检测对象主要是影响道路交通的交通要素，包括其他车辆、行人等，图 10.8 为检测结果示意图。

图 10.8　基于 C♯、OpenVINO、YOLOv8 目标检测示例

10.4.2　核线（又称极线）约束的图像匹配

双目图像上目标检测以后，就可以在目标上进行特征点提取与匹配。为了达到检测目标的实时性而采取的主要特点包括：

（1）目标检测缩小了目标范围，同时采用 FAST 特征点检测算法，大大提高了特征点检测的速度；

（2）特征点匹配采用核线（又称极线）约束的匹配方法，使二维匹配缩小为一维匹配，提高了匹配速度；

（3）特征点匹配采用摄影距离约束的匹配方法，匹配的搜索范围从一条核线缩小为核线上的一部分，进一步提高了匹配速度。

双目摄像机物镜中心（S_1、S_2）和空间一点 A 构成的平面称为核面，核面与左右图像的交线（L_1、L_2）称为核线（又称极线）。由于 A 点成像在双目图像的 L_1、L_2 上，L_1、L_2 称为同名核线。可见，已知左像片上一点 a_1，匹配 a_1 的同名点只需找到 a_1 所在的核线 L_1 以及其同名核线 L_2，在 L_2 上搜索 a_1 的同名点 a_2 即可（图 10.9）。

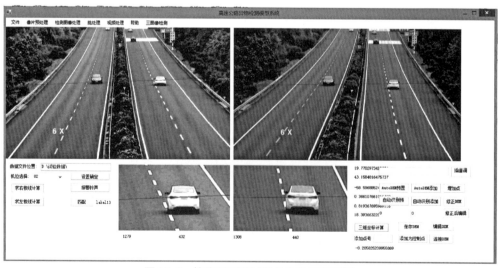

图 10.9　核线（又称极线）约束的图像匹配

已知双目图像的畸变参数、内参数和外参数,同时已知左像片上一点 $a_1(u,v)$,求解左右核线方程的方法如下:

(1) 对双目图像分别进行内参数 (u_0,v_0) 的几何平移改正。

(2) 对双目图像分别进行畸变校正,消除图像的畸变误差; $a_1(u,v)$ 改正后的坐标用像片坐标表示为 $a_1(x_1,y_1)$。

(3) 根据双目像片的姿态角外参数构建左右像片的旋转矩阵 $\boldsymbol{R}_1$ 和 $\boldsymbol{R}_2$。

(4) $a_1(x_1,y_1)$ 与其同名点 $a_2(x_2,y_2)$ 的相机坐标系中的坐标表示为:

$$\begin{bmatrix} X_1 \\ Y_1 \\ Z_1 \end{bmatrix} = \boldsymbol{R}_1 \begin{bmatrix} x_1 \\ y_1 \\ f_1 \end{bmatrix} \qquad \begin{bmatrix} X_2 \\ Y_2 \\ Z_2 \end{bmatrix} = \boldsymbol{R}_2 \begin{bmatrix} x_2 \\ y_2 \\ f_2 \end{bmatrix}$$

(5) 根据 S_1、S_2、A 三点共面的条件,可以得到:

$$\begin{cases} F_1 = \begin{vmatrix} X_{S2}-X_{S1} & Y_{S2}-Y_{S1} & Z_{S2}-Z_{S1} \\ X_1 & Y_1 & Z_1 \\ X & Y & Z \end{vmatrix} = 0 \\[4mm] F_2 = \begin{vmatrix} X_{S2}-X_{S1} & Y_{S2}-Y_{S1} & Z_{S2}-Z_{S1} \\ X_1 & Y_1 & Z_1 \\ X_2 & X_2 & Z_2 \end{vmatrix} = 0 \end{cases} \tag{10.23}$$

对式(10.23)进行变换,就可以得到双目像片上关于 $a_1(u,v)$ 的同名核线方程。

习　　题

1. 简述基于车载摄像机的视觉感知系统的目的和主要功能。

2. 描述车载摄像系统的基本组成,并讨论其在车辆安全和辅助驾驶中的作用。

3. 解释为什么车载摄像机需要进行双目标定,并讨论双目视觉系统校准的重要性。

4. 详细描述基于共线方程的车载摄像机双目标定方法,并解释其工作原理。

5. 讨论基于二维直接线性变换(DLT)的车载摄像机双目标定过程,并解释其优势。

6. 描述车载双目摄像机系统如何实现三维感知,并讨论其在车辆导航和障碍物检测中的应用。

7. 解释车载摄像机系统中目标检测的基本原理,并讨论如何提高检测的准确性。

8. 讨论如何优化基于车载摄像机的视觉感知系统,以提高其在各种驾驶环境下的性能和可靠性。

参 考 文 献

[1] Gonzalez R C，Woods R E. 数字图像处理[M]. 4 版.阮秋琦，阮宇智，等译. 北京：电子工业出版社，2021.

[2] 杨帆. 数字图像处理与分析[M]. 4 版. 北京：北京航空航天大学出版社，2019.

[3] Nixon M S，Aguado A S.计算机视觉特征提取与图像处理 [M]. 3 版.杨高波，李实英，译. 北京：电子工业出版社，2014.

[4] Sonka M，Hlavac V，Boyle R.图像处理、分析与机器视觉[M]. 4 版.兴军亮，艾海舟，等译. 北京：清华大学出版社，2016.

[5] 杨高科. 图像处理、分析与机器视觉：基于 LabVIEW[M]. 北京：清华大学出版社，2018.

[6] 旷视科技数据业务团队. 计算机视觉图像与视频数据标注[M]. 北京：人民邮电出版社，2020.

[7] 陈天华. 数字图像处理及应用：使用 MATLAB 分析与实现[M]. 北京：清华大学出版社，2019.

[8] E. R. 戴维斯.计算机视觉：原理、算法、应用及学习 [M]. 5 版.袁春，刘婧，译. 北京：机械工业出版社，2020.

[9] 徐芳，邓非. 数字摄影测量学基础[M]. 武汉：武汉大学出版社，2017.

[10] 王佩军，徐亚明. 摄影测量学：测绘工程专业[M]. 3 版. 武汉：武汉大学出版社，2016.

[11] 张祖勋，张剑清. 数字摄影测量学[M]. 2 版. 武汉：武汉大学出版社，2012.

[12] 章毓晋. 计算机视觉教程[M]. 北京：人民邮电出版社，2011.

[13] 冯文灏. 近景摄影测量：物体外形与运动状态的摄影法测定[M]. 武汉：武汉大学出版社，2002.

[14] 耿则勋，张保明，范大昭. 数字摄影测量学[M]. 北京：测绘出版社，2010.

［15］ 赵春江. C♯数字图像处理算法典型实例［M］. 北京：人民邮电出版社，2009.

［16］ 马颂德,张正友.计算机视觉:计算理论与算法基础［M］.北京:科学出版社,1998.